奇妙的长安城

数学

历险记 ①

刘毅 杨振兴 著

U0220568

人民日报出版社

北京

图书在版编目（CIP）数据

奇妙的长安城数学历险记/刘毅，杨振兴著. —北京：人民日报
出版社，2020.9
ISBN 978-7-5115-6517-4

Ⅰ.①奇… Ⅱ.①刘… ②杨… Ⅲ.①数学－青少年读物 Ⅳ.①O1-49
中国版本图书馆CIP数据核字（2020）第157613号

书　　名：奇妙的长安城数学历险记
　　　　　Qimiao de Chang'ancheng Shuxue Lixianji
著　　者：刘　毅　杨振兴

出 版 人：刘华新
责任编辑：王慧蓉
插　　图：刘晓筱

出版发行：人民日报出版社
社　　址：北京金台西路2号
邮政编码：100733
发行热线：（010）65369527　65369846　65369509　65369510
邮购热线：（010）65369530　65363527
编辑热线：（010）65369844
网　　址：www.peopledailypress.com
经　　销：新华书店
印　　刷：大厂回族自治县彩虹印刷有限公司

开　　本：880mm×1230mm　　1/32
字　　数：210千字
印　　张：10.75
印　　次：2020年11月第1版　　2020年11月第1次印刷

书　　号：ISBN 978-7-5115-6517-4
定　　价：42.00元（全二册）

主要人物介绍

姓名：鹿鸣

年龄：13岁

职业：学生

学校：新城市第二小学

家庭住址：新城市东大街26号幸福花园107栋2楼
　　　　　205

性格特征：喜欢数学　好打抱不平　正义　聪明

姓名：狄仁杰

年龄：15岁

职业：学生

学校：唐长安务本坊国子监

家庭住址：长安城崇义坊

性格特征：沉稳　聪明　善良　正直
　　　　　好推理

姓名：妙真

年龄：13岁

职业：女冠

住址：务本坊景云观

性格特征：机灵　多变　爱好算学　助人为乐

姓名：程俊

年龄：15岁

职业：学生

学校：唐长安务本坊国子监

家庭住址：长安城怀德坊程宅

性格特征：侠义　热爱军事

　　　　　　乐于助人　大大咧咧

姓名：杜若

年龄：12 岁

职业：学生

学校：新城市实验小学

地址：新城市郊区梧桐庄园

性格：热情　爱学习　勇敢　爱小动物　喜欢
科学

姓名：李淳风

年龄：41 岁

职业：太史丞

住址：唐长安城崇仁坊

介绍：博学多闻，多次帮助鹿鸣等人

姓名：阿史那博庆

年龄：44岁

职业：西突厥外交官兼间谍

住址：唐长安城鸿胪寺公馆

介绍：受西突厥流亡可汗的秘密委托，
加入现任可汗的赴唐使团，试图
破坏两国和议

姓名：韩氏兄弟

年龄：27岁

学校：唐长安务本坊国子监

职业：学生

介绍：东海国留学生，因大唐征伐本国
而心怀忧恨，后来与阿史那博庆
勾结，终因良知未泯而反水

数学在天文学、物理学、经济学等方面展现出来的成就，既使人们向往，又使人们对它的"高深"望而却步。在很多人看来，数学的面孔是刻板和严肃的，因此它缺少点儿吸引力。这只是由于人们没有去做一些努力，试图跟它亲近一点儿。人们不必对小数点、分数、平行四边形等过于拘泥，并深陷其中。有时候正是这些外表遮住了我们的眼睛，以至于我们不能发现数学的精髓，看到它活力和激情的一面。

体会数学中的乐趣，需要我们花费一些力气与它熟识，它才会展现活力风趣的一面给你。当我们在数学中体会到那种神奇的感觉时，就会对它欲罢不能；当你头脑中的小电灯泡突然点亮时，你将猛然醒悟；当你感觉摆脱了那种束缚和"愚钝"时，原来一切都是如此简单，以前只是一直被蒙在鼓里。你理解了它，数学就变得相当容易了。

这本书以故事的形式呈现，就是想让数学

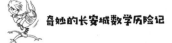

尽可能放下刻板的面孔，尽可能以和蔼的表情亲近青少年读者。一个个展现唐朝日常生活细节和独特文化魅力的故事连贯着，我们尽力让数学内容与故事融为一体。如果里面的某一部分数学内容让你感到厌烦，那么你可以跳过题目的分析过程。实际上，数学的学习不必拘泥于艰难的细节上，完全可以先了解题目处理的大体方向，等我们有需要或者感兴趣的时候，再回过头来重新尝试。

在写作当中，除了安排数学知识之外，我们还希望能借助故事的形式，向青少年读者展现唐人日常生活细节，以及古代劳动人民所取得的成就，展示中国文化独特的魅力。为此，我们在书中做了大量的文献考据，并做出一定的创新尝试。

另外，为了让青少年读者更好地理解书中提到的数学知识，我们还设置了"杜博士小课堂"板块对数学知识进行详细讲解，希望这些内容能对大家的学习有所助益。即便如此，我们深知知识是永无尽头的，趣味数学思维的培养任务也同样不能尽在其中，虽然故事段落性完结了，但学海无涯呀！我们鼓励青少年读者既热爱优秀的传统文化，又能在科学探索现代文明的道路上永远求索。

之前出版的两部"数学历险记"，虽然获得了不少青少年读者的喜爱，也获得了一些小荣誉，但由于水平有限，时间仓促，书中难免有错漏之处，请读者朋友们不吝指正。

目 录

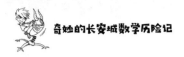

杜若失踪

时值6月，夏日炎炎。

鹿鸣垂头丧气地走在回家的路上，刚才历史课上他不小心打了个盹，恰巧被老师叫起来回答问题，老师让他举出三个唐朝的历史人物，结果鹿鸣在他前排同学的提示下回答了"武则天""狄仁杰""李元芳"。鹿鸣现在还记得当时的哄堂大笑和历史老师那句话："你要是能把学数学的聪明劲儿拿一半出来，历史也不会这么差！"

鹿鸣走了没多远，后面追上来一个同龄的孩子，他就是那个故意提供错误答案的同学，叫作秦乐乐。

"小鸣！你跑那么快干什么啊？等等我啊！"

鹿鸣回头一看，埋怨道："秦胖子，要不是你，我刚才也不会出丑。"

秦乐乐有点脸红，小声答道："我也不是故意的——哎！对了，我给你推荐个游戏啊，叫勇夺王冠，一起玩呗。"

鹿鸣现在哪有心情，他摇摇头说："别理我，烦着呢。"

秦乐乐没心没肺地搂着鹿鸣笑道："我还不知道你，

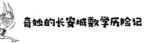

到家准保就忘记这些烦心事了——哎，暑假你打算去哪儿玩啊？"

这家伙真是哪壶不开提哪壶，鹿鸣顿时回想起了昨天给父母打电话的事，没精打采地说："玩不成了，他们又放我鸽子，说好了要回来陪我去西安旅游的——大人都是骗子！"

秦乐乐一听就知道了，鹿鸣的父母肯定又是工作太忙回不来，他感同身受地点点头说："是啊，当爹妈的都是不讲诚信的——上次说好了数学考到60分就给我买游戏皮肤的，结果，哼……"

两个孩子沉默着走了一段，秦乐乐抬起头看着鹿鸣说："我要是能像你一样在数学方面那么有天赋就好了，省得天天被我爸妈拿来说个没完。"他还学着他爸妈的语气绘声绘色地说道，"你这个臭小子，看看人家鹿鸣，为什么回回数学满分？我是少你吃，还是少你穿了？你就不能争口气吗？哎哟，气死我了。"

要是往常听到秦乐乐这么拍马屁，鹿鸣肯定要得意地吹嘘一下，但他今天真的没心情。昨天和父母打完电话后气得他一宿没睡好，导致今天上课无精打采，又被历史老师一顿批评，鹿鸣不禁抬头无语望天。

"嘀嘀！"

就在这时，路边传来了汽车的喇叭声，鹿鸣和秦乐乐转头一看，原来是鹿鸣的爷爷鹿昆开车来接他了。两个好朋友

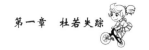

挥手告别。

鹿鸣上了车，把书包扔在后座，瘫倒在副驾驶位上。

看到孙子这副模样，鹿昆就知道他还没从昨天的失望情绪中走出来。鹿鸣的父母都是做野外考古工作的，经常天南地北地跑，有时候还要出国，几个月顾不上联系鹿鸣。忙起来昏天黑地，不但经常推翻与儿子的约定，而且连鹿鸣的生日都能忘。长期如此，怨念积累多了，就算鹿鸣再懂事，也有爆发的那一天。

鹿昆知道这时候说什么都没用，最好还是想办法让鹿鸣散散心，反正也快放假了，今天就带孙子去搞科研的老朋友杜博士那里玩吧。想到这里，他对鹿鸣说："小鸣啊，爷爷有个老朋友住在山里，明天周末了，我们去他那里玩两天，好不好？"

鹿鸣虽然心情不好，但是不会对与自己相依为命的爷爷使脸色，于是他没什么精神地答道："好的，爷爷。"

看到孙子答应了，鹿昆立刻把车头转向出城的方向。他跟这位老朋友关系很好，虽然这些年忙于照顾鹿鸣很少走动了，但是他们常常使用网络联络，杜博士多次邀请鹿昆去他的实验室看看。这次他终于抓住这个空当带鹿鸣一起去。老朋友那边日常用品齐全，也不用带什么行李，直接去就行。

鹿昆虽然不年轻了，但开起汽车来又快又稳，很快就来到郊区的山路上。一路上，鹿昆详细地介绍了他的这位老朋友，原来这位老朋友曾经是一位天才科学家，但是因为一些原因，被学术界所排斥，只能跑到山里继续做自己的研究。

进山之后，窗外的树林逐渐茂密起来，明媚的阳光照耀着层峦叠嶂的青山，林中传来阵阵鸟鸣，幽静的环境让人心情不知不觉放松下来。

鹿鸣心情有所好转之后，向爷爷讲述起自己的一些烦恼，比如爸爸妈妈的不讲信用，历史老师对自己的不满意，同学之间的一些攀比行为，等等。

鹿昆安静地听完，这才劝告道："小鸣啊，你不要太在意别人的眼光，做人做事只要对得起自己的良心就很好了。爷爷希望你能开心快乐，做一个对社会有用的人。与别人攀比是没有太大意义的，人最重要的是不断战胜自己的缺点，这样才能真正取得进步。"

鹿鸣点点头，但他此刻并没有真正理解这段话的意义。

爷孙俩有一搭没一搭地聊着天，突然从山上传来一声闷响，一股黑烟从山顶附近升起。他俩吃了一惊。

"爷爷，那里该不会就是我们要去的地方吧？"

"你说对了——坐好！我要加速了。"

小汽车虽然加速了，但仍然花了不短的时间才赶到目的地。坐在车里往外看，鹿鸣发现这是一座小庄园。庄园最外面有一圈石头堆起来的低矮围墙，围墙里面有几栋老式红砖建筑。冒烟的地方在后院，但已经看不到多少黑烟了，看起来突发情况已经被控制住了。

鹿昆把汽车停在院子里。鹿鸣注意到有一个穿着碎花连衣裙的小姑娘抱着一只白猫站在主屋门口，看着新来的客人。爷孙俩下了车，那个小姑娘走过来，热情地打着招呼："你们好呀，我叫杜若。这位爷爷，您是我爷爷的朋友吗？"

鹿昆慈祥地笑着答道："是啊，我和你爷爷是老朋友了。这是我孙子鹿鸣，你们年纪差不多，一起玩吧。"

小姑娘睁着水灵灵的大眼睛瞅了鹿鸣一眼，认真点点头说："你好，我是杜若，屈原《离骚》里'杜若蘅芜'的那个杜若。欢迎你到我家来玩。"

第一次有这么好看的小姑娘主动跟他打招呼，鹿鸣有点儿扭捏，红着脸说："你好，我叫鹿鸣，《诗经》里'呦呦鹿鸣'的那个鹿鸣。"

杜若学过那首诗，还念了一句"呦呦鹿鸣，食野之苹"。鹿昆看两个小朋友这么快就找到共同话题熟悉起来，也很高兴。但鹿昆还是不得不打断一下，问道："杜若啊，你爷爷在家吗？"

杜若很有礼貌地答道："我爷爷在实验室里。我带您去吧？"

鹿昆连忙摇头说："不用了，我自己去就行，你们好好玩吧。"说完，他也不等回答就进屋去了。

大人走了，两个孩子稍微放松了一点。鹿鸣没有与女孩相处的经验，但杜若大方地请他摸一摸名为"咪咪"的白猫，于是两个人从宠物开始谈起，越聊越开心。尤其是当鹿鸣知道杜若对数学也很感兴趣时，话题很快就变成了对数学

鹿鸣和杜若第一次见面，相聊甚欢

问题的探讨。谈得兴起之后，两人也不再逗猫，咪咪很快就无聊地跑开，去院子墙角玩了。

很快到了晚上，山里有点儿凉，睡觉得盖个薄被单。

睡觉之前，鹿昆来看鹿鸣有没有盖好被子，顺便看看鹿鸣的心情如何。一进门就看到鹿鸣躺在床上噼里啪啦地在手机上发信息。

"小鸣，还没睡呢？"

"爷爷？我和小若聊数学呢，马上睡了。"

原来是在聊天啊，看到鹿鸣不再是下午那个状态，鹿昆笑了。他说了一句"早点儿睡，明天起来有的是时间聊天"就走了。

第二天鹿鸣起晚了，因为昨天跟杜若聊得比较久——睡得晚，起得自然就晚。他起来之后还有点儿不好意思，连忙跑去洗漱。可是，等他来到客厅，却发现两位爷爷都严肃地坐在沙发上，一副愁眉不展的模样，昨晚相聚的欢愉荡然无存。

鹿鸣和两位爷爷打了招呼，然后小心翼翼地询问道："爷爷、杜爷爷，你们怎么啦？——咦，小若呢？还没起来吗？"

杜博士欲言又止，还是鹿昆说出了实情——今天早上杜博士刚修好了昨天出事故的机器，杜若带着小白猫去实验室找她爷爷，小白猫乱跑触动了开关，谁知机器启动把杜若和小白猫都弄没了。

鹿昆顾忌着杜博士的研究内容，说起来遮遮掩掩的，让鹿鸣摸不着头脑。但他知道了一件事，那就是杜若出事了。

"爷爷！弄没了是什么意思？你倒是说清楚啊！"

杜博士长叹一声："小鸣，你爷爷说得不清楚是因为不想透露我的研究内容，但现在已经没什么好保密的了。"

说到这里，杜博士起身示意鹿鸣跟他走，边走边说："很多年来，我一直在研究如何穿越时空，刚刚有所进展。昨天做实验的时候出了问题，本想今天再重做一次实验，结果就出事了。至于杜若，你不用太担心——她现在肯定还活着，但并不在我们这个时空。"

鹿鸣听完还是一知半解，他和爷爷跟着杜博士来到后院的一栋独立建筑，进去以后又下到地下室，来到一个环形房间。鹿鸣不知道这里的设备是做什么的，但是看起来非常复杂，控制台上有很多开关和显示器，密密麻麻的跟飞机驾驶舱差不多。

杜博士环视四周感慨地说道："我为这些东西投入了毕生精力，没想到却把我的亲孙女弄没了——难道我真的错了吗？"

鹿鸣问道："杜爷爷，你不能把小若接回来吗？"

杜博士解释道："她走的时候没有带上信标，我不能定位她的时空道标，因此就不能把她接回来。"

鹿昆说："我们可以派人带上信标去找她。"

杜博士摇摇头说："因为时空传送技术不够完善，只能传送低于某个阈值的物体，也就是只能传送小动物或者小孩子。所以，小若才会被传送走，超过阈值机器会自动停止，也就不会有这种事了。"

听到这里，鹿鸣灵机一动，说道："小若能去那儿，我应该也可以去！让我去！我去把她找回来！"

两位老人对视一眼，刚才他们就想到了这一点，但谁也没有说出来——杜博士是不能，而鹿昆是不想。现在鹿鸣却捅破了这层窗户纸，两位老人一时间都不知道该如何作答。

鹿鸣倒是兴奋起来，他拉住两位老人的衣袖摇动着："我可以的，让我去嘛！"

鹿昆忍不住训斥他："这不是过家家！那边到底什么情况，谁也不知道，你还是个孩子，不懂这里面有多危险。"

鹿鸣看到杜博士不说话，立刻想办法说服爷爷："爷爷，你以前说过做人要对得起自己的良心，我现在有能力去救小若，但如果不做，哪里又对得起自己的良心呢？"

鹿昆无言以对，他想了想，决定支持孙子的决定——也许人生就需要这样的勇气。如果今天阻止鹿鸣这么做，也许会让鹿鸣终生遗憾。

想到这里，鹿昆问杜博士："老朋友，你说实话，时空传送有多大的安全把握？"

杜博士推推眼镜答道："从测试结果来看，只要严格按照已测得的数据准备，同时限制携带的物品，我认为目前的情况，安全可靠率在95%以上。另外，老朋友，这件事我不会劝你，不管你怎么决定，我都毫无怨言。"

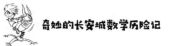

杜博士当然希望有人能救回他的孙女，但这种事无法强迫，杜若失踪已成定局，他并不想老友因为自己让鹿鸣冒险而埋怨他。

最终，鹿鸣的爷爷同意他去救回杜若。原本鹿昆还想联系鹿鸣的父母说明情况，也征求他们的意见，结果一个多月都联系不上。无奈之下，鹿昆决定由自己来承担做出这个决定的责任。

接下来就是杜博士对鹿鸣进行一些培训，包括对传送过程的解释、告知如何使用时空信标。同时，还要进行历史知识、安全急救等方面的紧急培训。

"我已经把所有信标的功能都集成在这个手环里，"杜博士拿出一只白色的手环，"这个手环由一种坚固柔韧的非金属材料打造，适应各种环境，防水防震，还有一些其他功能，你可以再仔细看看这个说明书。"

鹿鸣拿着临时打印的说明书看了一遍，大致了解了手环的数据和基本功能。

"你找到小若之后，就可以启动手环上的信标，我这边就能接收到你的信标，然后建立时空通道，把你们传送回来。注意，手环是由你的活动和太阳能充电，如果没电了就晒晒太阳，一小时基本就够用了。如果没有太阳，你就摇动手臂，这样也能充上一点电。"

杜博士不厌其烦地讲述注意事项，生怕鹿鸣因疏忽大意没搞懂功能导致无法返回。他特意叮嘱鹿鸣说："如果遇到打雷的情况不要怕，把戴手环的手举高，手环会保护你免遭雷击，同时雷击还能给手环充电。但你要注意的是，手环只能替你挡三次雷击，之后就会因为设备过载而失去保护作用，一定别忘了。"

至于生活问题，两位老爷子也考虑过了，杜博士拿出一个布袋给鹿鸣，说："小若传送去的年代，应该是唐朝初年，具体年份还不清楚，地点在长安城附近，过去之后一定要多加小心，这袋子里有些仿制的开元通宝和小金条，省点也够用大半年的。"

经过一个月的准备和培训，杜博士认为时机已经成熟，这才开始准备时空穿越。

鹿鸣在培训这段时间里特意蓄了头发，又穿上了杜博士弄来的仿古服装，携带着装有铜钱和金块的布袋，在爷爷和杜博士的殷切注视中，由杜博士启动了时空传送机器，鹿鸣消失在了环形房间的中央。

鹿鸣到长安

鹿鸣感觉自己好像被扔进了万花筒，光怪陆离的破碎景象以千变万化的姿态从眼前流过，他几乎感觉不到自己的身体，却清楚地知道自己正向着旋涡的中心滑去，那种无法控制的感觉实在有些可怕。幸好这种不受控制的状态很快结束了，他眼前亮起如同太阳般刺眼的白光，让他不由自主地闭上眼睛。

随后鹿鸣就像一只破口袋那样被无形的力量从时空通道中甩出去，他还没有睁开眼睛，就感觉身体撞上了一股冰冷的液体，耳边响起入水时"咚"的声音。

同时，传来的还有一个声音："有人掉进湖里啦！"

当鹿鸣再次醒来，映入眼帘的是昏暗的室内，一灯如豆，微弱的亮光在墙上留下一道人影。大概是听到了鹿鸣挪动身体的声音，那道人影转过身来，走到床榻边说道："你不要乱动，刚刚请医者瞧过，你掉下湖里受了点儿惊吓又着了凉，等会儿喝了药睡一觉就会好的。"

鹿鸣这才感觉到身体软软的使不上劲儿，一张嘴说话嗓音也是沙哑的。眼前这人年龄十五六岁，身穿青袍，方脸，面色微黑无须，尤其是眼睛明亮有神，两道粗眉看起来十分英武，当即问道："谢谢先生，请问我这是怎么了？"

那人答道："先生之称不敢当，鄙人姓狄，现今在长安读书。今日踏青途中，见你掉入湖中便将你救回。"

鹿鸣了解情况之后，暗自感叹自己运气好，幸好有人看到自己掉进湖里出手相救，不然怕是直接沉底了——这时空传送还是有一定危险的，也不知道杜若现在是否安全。

看到鹿鸣后怕的模样，姓狄的书生笑道："你也勿要害怕，当时湖边游人如织，就算没有我，其他人也会救你上岸。"

"狄某人"这样说只是谦虚，也不想让鹿鸣认为自己挟恩图报，而鹿鸣并没有理解这层意思，仍然对这位书生表示了谢意。

鹿鸣好奇地问道："狄先生，你是长安本地人吗？"

狄姓书生对"先生"这个称呼浑身不自然，这在唐朝是用来称呼老师或者有才学的人的，他忍着不适应的感觉答道："非也，我是河东道并州人，家祖于长安为官，父亲令我来此求学，入读国子监。"

虽然临时培训了唐朝的一些基础知识，但鹿鸣对并州这个地名仍然很陌生，他问道："并州？那是哪里啊？"

狄姓书生耐心地解释道："并州，此称早已有之，也有晋

鹿鸣在长安落水，恰好被青年狄仁杰救回家

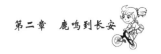

阳、太原等古称。"

"哦，原来是太原啊。"这么一说，鹿鸣就知道了，"我叫鹿鸣，嗯，来自那个……"说到这里，鹿鸣不知道该如何解释，只得按杜博士的说法转述，"来自南方，具体的地方我也记不清了。"

狄姓书生也不深究，笑道："刚才没有说清楚，鄙人姓狄，名仁杰，字怀英，家中排行老大。看起来我比老弟痴长几岁，你唤我怀英也可，或狄大也不妨事。"

唐朝的称呼还是有点儿复杂的，鹿鸣好歹经过杜博士培训，知道不能直呼对方的名，而须称字或者排行，但令他吃惊的是这个名字很耳熟。

"神探狄仁杰？那是不是还有元芳？哦，抱歉，我一时激动，口不择言。"鹿鸣激动之下脱口而出，说完就后悔了。

狄仁杰好奇地问道："神探狄仁杰？此乃何意？元芳又是何人？"

鹿鸣犹豫了一阵儿，他想影视剧里的狄仁杰是个大好人，历史上肯定也是个好人，好像可以透露一些东西给他，也方便接下来寻找杜若。

"是这样的，我的家乡有一些奇人可以看到未来的片段，他们提到过你的名字，说你今后会当宰相，还破获了许多悬案。至于元芳，是你的部下，武功高强，帮你渡过了许多危机。"

狄仁杰对此颇为好奇，竟然还有这样的奇人，他对今后能当上宰相倒并不是特别在意，反而对鹿鸣说的"悬案"和"元芳"这人更感兴趣。

"鹿郎君，你说的悬案能否告知一二？哦，抱歉，忘了你还有伤势在身，先把药喝了，好好休息，明日我们再谈此事。"

狄仁杰拿来煮好的药，倒进一只陶碗，端过来递给鹿鸣。鹿鸣看到黑乎乎的一碗药汁。他接过来放在鼻子边轻轻一闻，怪怪的，本不想喝，却碍不过面子，又想起爷爷常说良药苦口，便硬着头皮把药喝了——喝完苦得直吐舌头。

喝完之后，狄仁杰扶鹿鸣躺下，示意他赶紧睡觉。鹿鸣本来就体乏，乖乖地闭上眼睛入梦去了。

梦中没有时间观念。等鹿鸣醒来，发现窗外依然黑沉沉的。床榻边的木桌上放着一盏油灯，狄仁杰正坐在桌边，手执一沓纸默读着。

鹿鸣试着活动身体，感觉身上又有了力气，于是慢慢坐起来。他这么一动，桌边的狄仁杰便注意到了，他小心地把那沓纸放在桌上又将纸页抚平，这才起身走到床边问道："鹿郎君睡了一日，感觉好些了吗？"

"我感觉好多了，多谢狄兄。"

"客气了。"

狄仁杰扶着鹿鸣起来，又送到桌边坐下，这才叮嘱道："你现在身体还未大好，不宜劳累，活动一下吃点东西继续睡吧，我叫人送些糕点暂且填填肚子。"

　　鹿鸣确实感到肚子饿了，便不再推辞，等狄仁杰出门这才打量起周围环境。这间房内的布置看起来古色古香，家具均为木质，看起来不甚新，应该是用了许多年的老家具，但做工都很考究。床榻上挂着灰色布帐，用金属弯钩钩住，木枕和薄被都是新的。墙上挂着几幅字画，为草书和山水。

　　鹿鸣感觉有些渴了，看到桌上有茶壶和茶杯，便倒了一杯茶捧在手里。茶水还是温热的，鹿鸣喝了几口又注意到了桌上的那些纸，最上面的一张上写着《九章算术》。

　　鹿鸣很想拿来看看，但刚才看到狄仁杰对这些纸张十分爱惜，就没有动手。过了一会儿，狄仁杰带着一个老仆进了屋，老仆端着托盘，上面放着几碟点心和一壶新茶。

　　等老仆走后，狄仁杰拿起新茶壶给鹿鸣倒茶，说道："喝点热茶，吃些点心，休息片刻你再躺下，明日起来应该就恢复体力了。"

　　鹿鸣肚子早就饿了，顾不上客气就拿了糕点往嘴里塞，桂花糕、枣糕吃了一气，等到肚子里有货了这才慢慢喝茶。

　　狄仁杰也不看鹿鸣吃喝，拿起《九章算术》继续看着，一边看还一边在桌上比画。鹿鸣吃了一阵缓解了肚饿，好奇心起来，忍不住问道："狄兄，你对算术很有兴趣吗？"

数学小天地

　　《九章算术》内容十分丰富，全书总结了战国、秦、汉时期的数学成就。后世的数学家，大都是从《九章算术》开始学习和研究数学的，许多人曾为它做过注释，其中最著名的有刘徽、李淳风等人。

《九章算术》的内容十分丰富，全书采用问题集的形式，收有246个与生产、生活实践有联系的应用问题，其中每道题有问（题目）、答（答案）、术（解题的步骤，但没有证明），有的是一题一术，有的是多题一术或一题多术。这些问题依照性质和解法分别隶属于方田、粟米、衰（cuī）分、少广、商功、均输、盈不足、方程及勾股。

《九章算术》是世界上最早系统叙述分数运算的著作，其中盈不足的算法更是一项令人惊奇的创造，"方程"章还在世界数学史上首次阐述了负数及其加减运算法则。在代数方面，《九章算术》在世界数学史上最早提出负数概念及正负数加减法法则。注重实际应用是《九章算术》的一个显著特点。该书的一些知识还传播至印度和阿拉伯，甚至经过这些地区远传至欧洲。

《九章算术》是多代先人共同劳动的结晶，它的出现标志着中国古代数学体系的形成。唐、宋两朝由国家明令规定为教科书。1084年由当时的北宋朝廷进行刊刻，这是世界上最早的印刷本数学书。可以说，《九章算术》是中国为数学发展做出的又一杰出贡献。

《九章算术》中有许多数学问题都是世界上记载最早的。例如，关于比例算法的问题，它和后来在16世纪西欧出现的三分律的算法一样。关于双设法的问题，在阿拉伯曾称为契丹算法，13世纪以后的欧洲数学著作中也有如此称呼的，这也是中国古代数学知识向西方传播的一个证据。

《九章算术》对中国古代的数学发展有很大影响，这种影响一直持续到了清朝中叶。《九章算术》的叙述方式以归纳为主，先给出若干例题，再给出解法，不同于西方以演绎为主的叙述方式，中

国后来的数学著作也都以叙述方式为主。

狄仁杰答道："是有些兴趣，只不过我考的不是明算一科，也只能当个兴趣了，若是真个钻研此道，父亲可是会揍人的。"

看鹿鸣对此颇有疑问，狄仁杰便好好解释了一通。原来唐朝科举分为进士科、明经科与明算科，其中进士科"百人取一"最难考，狄仁杰自认为没有那种天赋，只打算考个"十人取一"的明经科便罢了。至于明算科，是以算学为主，即便考上，最高也不过七品官，因此很多官宦人家的子弟都不愿以此为主业。

狄仁杰这么一解释，鹿鸣就听懂了，也就是说，进士就好比是本科生，明经大约就是大专生，而明算就只能算技校生。考的级别不同，官场上的起点也不同，进士起点最高，明经其次，明算最低，而且明算还有上限，也就是最高不过七品官，难怪没什么人去考。

历史上，狄仁杰是28岁才通过了明经科考试得以授官。唐朝时有俗语称"三十老明经，五十少进士"，也就是说三十岁考上明经已经算晚的，而五十岁考上进士却算早的，这样看来狄仁杰在考试上的功力还是很一般的，并没有什么特别之处，他若是执意考进士，历史上大概就留不下他的名字了。

　　唐朝除了继承了隋朝的九品官人法外，还增设了明法、明字、明算诸科，以进士、明经两科为主，进士科重文辞，主要考诗赋，此外还考时务策等。诗赋的题目和用韵都有一定规定，因此，对唐诗的兴盛有很大的影响。明经科重经术。

　　鹿鸣听完了狄仁杰的话，对明算科特别好奇，他继续追问方才得知，原来《九章算术》是国子监明算科的教材之一，狄仁杰对此有些兴趣，因此手抄了一份回来当课外书读一读。

　　两人越聊越投机，狄仁杰发现鹿鸣对算术似乎很有研究，忍不住提出一个请求，说："鹿郎君，我有一个朋友给我出了一道题，我至今还没找到答案，不知你能不能帮我解开？"

　　鹿鸣不敢托大，谨慎地答道："你先说说是什么样的问题，我也不一定能解决，咱们共同参详吧。"

　　狄仁杰从《九章算术》书中取出一张叠起来的纸笺递给鹿鸣，上面写着这样一段话：

　　　　远望巍巍塔七层，

　　　　红光点点倍加增，

　　　　共灯三百八十一，

　　　　敢问塔尖几盏灯？

看到题目之后，鹿鸣心里安定了下来，暗想这就是个一元一次方程嘛，当即答道："这个不难，你看这个题目里有几个要点，首先是塔有七层，然后是每层灯数加倍，总共381盏灯，有这三个条件便不难得出答案了。"

狄仁杰还是不甚理解，不禁问道："那么该如何解答呢？"

鹿鸣解释道："题目要求解的是塔尖多少盏灯，那么我们先把塔尖的灯数设为一个未知数——甲；塔尖下面的第六层的灯数就是塔尖的2倍，我们记为二甲；以此类推，第五层又是第六层的2倍，则记为四甲；第四层为八甲；第三层为十六甲；第二层为三十二甲；第一层则是六十四甲。把所有的层数加起来，则得到一百二十七甲，再与灯盏总数381对应，即可得出甲之数具体为几。"

听完鹿鸣的分析，狄仁杰茅塞顿开，心算之后得出结论："以381除以127，得3，那么塔尖的灯有3盏！"

"没错。"

狄仁杰哈哈一笑："原来是这样的解法啊，真是没有想到，鹿郎君对算学果然颇有研究。"

鹿鸣嘿嘿一笑，又抓起糕点往嘴里送，狄仁杰连忙给他倒茶，又想问问昨天听到的"悬案"和"元芳"那些事，但又担心鹿鸣身体尚未全好，便又作罢。

等鹿鸣吃饱喝足，狄仁杰又督促他赶紧休息，约好明天一起出门逛逛市集，这才拿了餐盘回去休息了。

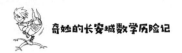

杜博士小课堂

和倍问题

已知几个数的和与它们之间的倍数关系，求这些数的应用题，我们通常称为和倍问题。解答此类问题时需要根据题目中所给定的条件和问题，画出线段图来分析它们的数量关系，找到"1倍数"与它"整数倍"的和，从而快速列式解题（通常需要画图，题目多为多个数间比较且为非整数倍关系，简单题目只需清楚"1倍数"及其他数是它的几倍即可快速解答）。

故事中，显然我们所涉及的7个数倍数关系比较清晰，虽然有6个"标准量"（6是2的3倍，2即是"标准量"。同谁比较，谁即标准），但转化为统一的"标准量"并不难。我们不妨令塔尖的灯盏数为"1倍数"，那么第六层的灯盏数即为"2倍数"。第五层灯盏数是第六层的加倍，即"2倍数"的2倍，为"4倍数"。以此类推，第四层灯盏数为"8倍数"，第三层灯盏数为"16倍数"，第二层灯盏数为"32倍数"及第一层灯盏数为"64倍数"。这样七层塔共有灯盏数381便是 $1+2+4+8+16+32+64=127$ 倍数，塔尖灯盏数1倍数即为 $381 \div 127 = 3$ 盏。

在长安的新生活

　　鹿鸣醒得很早，毕竟他这两天大部分时间都在睡。起床之后，他笨手笨脚地把外衣穿上，这套仿古服装还是杜博士临时弄来的，鹿鸣很不习惯这种衣服的穿法，私下戏称为长睡衣。

　　外面天色微微泛白，天空中的云彩仿佛一板打翻了的碎豆腐。日出后，在朝阳的渲染下像极撒了辣椒面的豆腐花。看到这幅景象，再闻到空气中隐隐约约传来的食物香气，鹿鸣顿时觉得自己肚子饿了。

　　穿好衣服系好腰带，鹿鸣把睡过的床铺整理了一下，然后走到桌边凑在铜镜前看了看自己的打扮。衣着是没有太大的问题了，但是头发弄得不太好，主要还是鹿鸣不习惯在头上束发，但唐朝人没有短头发，他只能入乡随俗。

　　整理完仪表，鹿鸣撸起袖子，露出手腕上的白色手环。这个手环可以显示出很多数据，比如温度和湿度、坐标和海拔等，最主要的还是用来搜寻杜若的位置。鹿鸣操作了一会儿，发现搜不到杜若的信号，他想起杜博士曾说因为功率不足，手环的搜索范围不是很大，他需要在城里转一转，也许就能找到信号。

鹿鸣正琢磨着，就听到门口传来叩门声，然后狄仁杰的声音响起："鹿郎君，可起床了？"

鹿鸣连忙去开门，只见狄仁杰今天换了一身青色翻领窄袖袍，头发用青巾束起，腰间系着牛皮腰带，足蹬皮靴，看起来十分利落。

见鹿鸣出来，狄仁杰先问了好，又打量了片刻，笑着说："郎君这身打扮未免过于隆重了。"

鹿鸣不知其故，忙向他打听，狄仁杰解释道："只有节日或大礼时方才穿这等宽袍大袖，平时为方便起见，穿窄袖袍服更便于活动。"

看到鹿鸣恍然大悟的样子，狄仁杰苦笑着摇摇头道："我看你也没有可换的衣服，我让人给你送一件来换上，等会儿一起去街上买些吃食。"

不多时，昨天那个老仆就捧着一套袍服、腰带、靴子等物件过来，鹿鸣谢过之后进屋换上。这套青灰色袍服与狄仁杰的翻领袍不同，乃是圆领窄袖。这种圆领款式最早只在内衣上出现，魏晋南北朝之后吸收了胡服的特点，变成了不分男女老少和等级都可以穿的常服，唐太宗李世民在很多画像里都穿着圆领窄袖龙袍。至于翻领窄袖袍则来源于回纥，唐朝与回纥交流频繁之后，这种款式的翻领窄袖袍也流行起来。

等鹿鸣出了门，在院中等待的狄仁杰回身一看，笑道："略大了一些，不过亦无妨。郎君可准备好了？"

鹿鸣有些不习惯这个称呼，但他不懂就问："狄兄为何这么称呼我？"

狄仁杰现在已经知道这位小兄弟是个没有常识的人，认真地解释道："吾父曾教我，称呼一事不可失礼，昨日是私下间自然可以随便些，但出门在外还是要按照规矩来。"

唐朝人圆领窄袖子的衣服

鹿鸣耐心倾听，又不时发问，总算大致搞清楚了这个时代的称呼方法。

一般对成年男子的称呼，可以用"郎君"，也可按照家中排行称"大郎"或"三郎"等，对于未成年的或比自己小的男子则可以称"小郎君"。女性与此类似，成年女子称为"娘子"，按排行则可以称"九娘"或"十三娘"，对比自己小的或未成年的女性可以称为"小娘子"。老年男性可称呼"老丈"，老年女性则称为"阿婆"。

听完之后，鹿鸣也很诧异，原来"娘子"和"小娘子"不是单指女性配偶，果然看电视剧学历史常识是不行的。

边聊边走，两人很快走出了宅院，狄仁杰继续向鹿鸣介绍说："这是崇义坊东，对面是招福寺，我这座宅子靠着坊东门，西门出去就是朱雀大街。"

鹿鸣注意到崇义坊东街的宽度大约有40米，两侧有排水沟，地面是细黄土，眼下天气干燥，若有马车驶过则会搞得尘土飞扬，因此行人都靠着街边走。

整个崇义坊被一横一竖两条街划分为四个大块，这两条街总称为十字街，十字路口的地方就是整个坊区的内部商业区了，早点店、小卖铺都在这一块。

唐朝的早餐并不单调，据鹿鸣所见，有包子、面条、面片、煎饼、烧饼等许多种类，不过它们的叫法与现代的称呼并不相同。比如，面片汤在这里就叫"不托"，是店主手揪面团成片投入汤中，煮开即可食用，如果想吃清淡一点的阳春不托，可以加猪油和葱花，还有加鸡蛋鸡肉的亲子不托和加羊肉的羊肉不托。

鹿鸣在烧饼店门口站了一会儿，狄仁杰就从高鼻深目的店主那里买来了两块芝麻烧饼，唐朝人管这个叫"胡饼"，这是因为这种做法是从西域传来的，开店的也多半是色目人。

吃着热乎乎的芝麻烧饼，狄仁杰又带鹿鸣去了旁边一家包子铺，不过唐朝人管这个叫蒸饼，只要是发酵过的面皮里面包各种馅料或者不包馅料的都叫蒸饼。有肉馅、糖馅、菜馅的各种包子，还有馒头、花卷、蒸饺、烧卖等。

因为唐朝人较少吃猪肉，因此没有猪肉包子卖，鹿鸣买了两个羊肉蒸饼，一个蒸饼就跟八寸的比萨差不多大，因此他们俩一人一个也就够了。一口咬下去，切成碎丁的羊肉带着微辣，不但满口香，汁水也足，非常管饱。

这个时代辣椒还没有引进中国，提供辣味的一般是其他植物，比如韭、葱、蒜、姜。因此鹿鸣猜测羊肉蒸饼里面提供辣味的可能是蒜酱或者姜末。

吃完了早饭，鹿鸣一边揉肚子一边问道："大郎，接下来做什么？去逛街吗？"

狄仁杰已经知道鹿鸣总有一些怪词语，也不当回事，答道："先回家，东西市要午时方才开门，休息一阵再出门也来得及。再说，我对你说的'悬案'还挺有兴趣。"

两人又回了家，这次鹿鸣观察了一下宅院的环境。这是一个类似四合院的格局，进大门后有一个院子，正对大门是正厅，用来接待客人举办聚会之类的活动，左右有厢房，是住客人的地方，正厅后面是后院和后宅，是主人居住的地方。

进了厢房，狄仁杰唤来那个老仆让他弄些茶水，又向鹿鸣介绍道："昨天忘了说，这是我家的仆人，跟随我父亲多年，名叫狄黄。"

鹿鸣倒是想问问这位仆人有没有一个兄弟叫狄青，但想想狄青是宋朝人也就作罢。两人在桌边坐下，狄仁杰好奇地问起鹿鸣曾经说过的那些"悬案"和"元芳"的故事。

鹿鸣无可奈何，只好挑看过的电视剧中记得的一些故事说了，其中又多有改头换面和含糊其辞，避免出现太多历史人物，狄仁杰也不在意。即便鹿鸣讲故事的功力很一般，狄仁杰仍觉得故事新奇，听得津津有味。

鹿鸣好不容易把半真半假的故事圆得差不多了，别的东西没有给狄仁杰留下多少印象，倒是"元芳你怎么看"这个段子被他记得很清楚。

端起一直没怎么动过的凉茶，喝了一口，狄仁杰斟酌了一下方才对鹿鸣说："这个故事，你跟我说说也就罢了，千万不要外传。尤其是不要随便口称'大人'。"

鹿鸣颇为不解地问道："为何？"

狄仁杰为难地说："'大人'一词，只能用来称呼自己的父亲，逢人便呼大人，这也太不成体统。要是叫你家大人得知，怕不是要打断你的腿。还有，也不能随便叫人哥哥，这个称呼是对自己儿子用的。"

鹿鸣闻言后目瞪口呆，没想到古今差异如此之大，竟然还有这么多讲究，幸亏他穿越至今只与狄仁杰交谈比较多，要不然还真要出洋相了。

话都说到这个份上了，狄仁杰也不再遮掩，郑重地说道："我知鹿郎君必有来历，虽有怪异之处，仁杰也不在意，但人言可畏，今后还要多加谨慎。若有不明之处可来问我，切勿因一时性起招致大祸。"

看到鹿鸣听得仔细，狄仁杰继续说道："鹿郎君你刚才那个故事，颇有大逆不道之处，而且涉及朝政，若是外出宣讲，

鹿鸣到长安没有正确的唐朝生活常识，闹了不少笑话

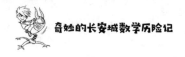

恐引来祸事。因此，为兄才劝诫鹿郎君勿要外传，切记。"

这是为自己好，鹿鸣听得清楚，忙郑重答应。等他再仔细一想，竟然有点害怕，他琢磨着这个狄仁杰怕不是猜测出一些东西来了，不然为什么说了这么多提醒的话。不过他的话里终究还是为鹿鸣着想，看来以后还是要多加小心，不能再出岔子。

茶话一阵后，狄仁杰看看日头，便起身道："时辰差不多了，该出发了，从崇义坊去往西市还要走好一阵呢。"

两人收拾停当，便离了崇义坊，去往西市了。

第四章

西市大街遇难题

自崇义坊向西直行，经开化坊便到了朱雀大街。

鹿鸣跟着爷爷去过好几座城市，论起见闻也要超过没出过省的同龄人。在他见过的道路中，以某段高速公路为最，是双向十车道；而他所在的新城市的中央大道，是双向八车道，宽度也有25到30米。

可眼前这条作为长安城中轴线的朱雀大街，就算不用测量，也超过了100米的宽度，甚至可能达到150米。整条大街除了左右驰道和行道以外，中央还有一条御道，行道边上还有排水沟和行道树。

狄仁杰介绍说："行道供行人行走，而驰道是走马所用，中央御道是皇帝陛下出行专用，常人不可在此逗留。我等要快点过去，勿要在天街中间停留。"

鹿鸣好奇地问道："这条街不是叫朱雀大街吗？天街是另一种称呼吗？"

狄仁杰答道："此街又称天门街，指的是此街通往天门，天门是指皇城的朱雀门，也就是南门，北门就是玄武门。"

说到唐朝和玄武门，肯定会有人想起李世民发起的"玄武门之变"，当时身为秦王的李世民在玄武门发起兵变，杀死太子李建成和齐王李元吉，逼迫唐太祖李渊传位并隐居，李世民登上皇帝之位，即唐太宗。

鹿鸣从狄仁杰那里知道了现在的年份是贞观十九年，也就是645年，这一年唐太宗李世民亲自率军东征，太子李治监国，宰相房玄龄担任长安留守。唐太宗已经抵达河北，正准备继续东进，太子李治暂留洛阳，还没有回到长安，现在整个长安都归宰相房玄龄管理。

狄仁杰虽然在国子监读书，但国子监是大唐最高学府，就读的学生非富即贵，再不就是留学生或者真正的民家天才，消息不可谓不灵通。机密军情可能不会让他们知道，但一般的大事还是能较快地得到消息。

两人越过朱雀大街，鹿鸣注意到了天街的两侧行道树郁郁葱葱，但地面的小草却稀稀落落，他不由得想起了韩愈的那首七言绝句：

天街小雨润如酥，
草色遥看近却无。
最是一年春好处，
绝胜烟柳满皇都。

以前读语文书时，老师总说此诗前两句可谓咏春的绝佳之句，鹿鸣还不是很理解，但他今日身处天街，却真实地感到韩愈的诗句，尤其第二句是那么真实。"草色遥看近却无"，在没有过街之前，隔着百多米的距离，鹿鸣能看到街对面地面上的一片草绿。等他过了街再来细看，地面的草丛却十分稀疏，恰如诗中所言。可惜的是，诗人韩愈还要等100多年才出生，鹿鸣肯定是见不着了。

狄仁杰带着鹿鸣越过天街，又过了通化坊、通义坊，指着前面的十字路说道："再过了前面的光德坊，便到西市了。"

鹿鸣看着这些规整的里坊，好奇心又上来了，开口问道："长安城里这样的里坊有多少个？"

狄仁杰答道："听说整座长安城有108坊，前朝时差不多就有100挂零，本朝没有大肆扩建。整个长安城，南北11条大街，东西14条大街，以朱雀大街为界，东为万年县，西乃长安县。我们要去的西市，属长安县，不过具体事务还是归西市署处理。"

听了狄仁杰的解释，鹿鸣大概知道了西市署也就是类似市场管理局的部门，专门负责管理西市。另外还有一个平准署，辅助西市署对西市进行管理。

西市与东市有所不同，因为东市周边居住的多为达官贵人，因此东市经营品类倾向于奢侈品，而西市则更倾向于平民百姓的日用品。同时由于西市距离丝绸之路的起点开远门更近，从西域而来的胡商多聚集在西市交易，除了柴米油

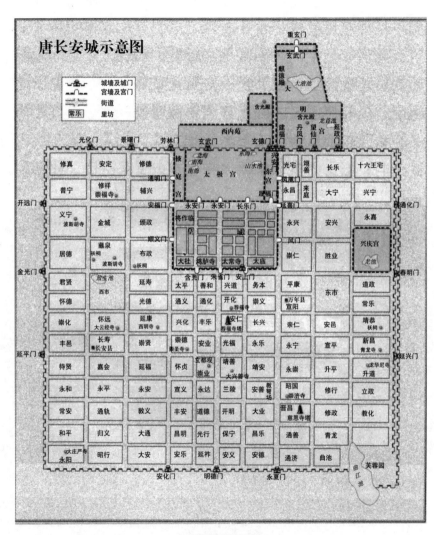

唐长安城示意图

盐酱醋茶等吃食之外，还能在西市淘到一些外国来的稀罕物件。

狄仁杰与鹿鸣从西市东南门进去，里面已经人满为患，摩肩接踵。东西市与一般的里坊不同，是两横两纵四条街道的"井"字结构，将坊市分割为九 块区域。西市的街道宽度约15米，两侧照例有排水沟和人行道，中间的驰道可供骑马或马车行走。

从东南角门进去，鹿鸣看得眼花缭乱，两旁的店铺密密麻麻，都挂着店招和布旗，花花绿绿五颜六色，并不比现代的商业街逊色。粗粗一看，就发现了好多种店铺，比如卖染料的油靛铺子、卖布料的布行、卖煤块的炭行，还有卖药的药行、卖鱼的鱼铺、卖毛笔的笔行等。

最让鹿鸣感兴趣的有两个，分别是"饮子药家"和"寄附铺"。见鹿鸣有兴趣，狄仁杰便介绍道："这个寄附，便是将你暂时用不着的物件拿去抵钱急用，有钱之后可以赎回。至于饮子药，你进去一看便知。"原来寄附铺就是典当行。

鹿鸣确实好奇，便进了饮子药家瞅瞅。这家店门脸不大，约有8米宽，进深5米，沿着墙摆有一溜木柜，摆放着许多颜色不同的纸包。鹿鸣凑近一个柜子，看到上面摆着一些草黄色纸包，下面压着的字条写着"发汗饮子"，再看另一个柜子，深灰色药包下面写着"去暑饮子"。

狄仁杰指着店家角落里的水缸和水壶说道："鹿郎君现在知晓了吧？这饮子药不定时不定量，也无须药方，均为

繁华而商铺林立的长安街道

店家祖传方子。可以拿回家自行冲饮，也可以让店家冲好带走。"

原来这饮子药大概就相当于中药冲剂，采用的药数量较少，适合那些症状不严重的常见小病。一般人若是对自己的病症较有把握，便不必请医生看诊，直接买些饮子药服下即可痊愈，便宜又方便。

据狄仁杰的解释，请个医师到家里看病要几百文钱，再加上抓药又是几百文甚至三五贯铜钱，多半是有钱人才这么阔气。一般人家小病就买些饮子药冲泡喝上几天，多半也就好了，花费不过几十上百个铜板。

出了饮子药家，两人走走看看，来到了骒马行附近，这里位于西市西北角，毗邻放生池和西市旅店。刚好鹿鸣问到出行有没有轿子，狄仁杰回答说："除了体弱的老丈或阿婆，也只有官宦人家的娘子出门可乘轿。平日出行，若是路远，便要骑马，不知鹿郎君骑术如何？"

鹿鸣顿时傻眼，他可从来没有骑过马，唯一一次上马的经历是在人民公园——那匹枣红马系着大红绸子，专门供人骑着拍照，老实得连蹄子都不会动一下。丢人的是，那时鹿鸣5岁，被放上马背时吓得哇哇大哭。

刚想到此处，便听见狄仁杰对街边一伙人喊道："程十一郎！多日不见，竟在此处快活！"

那程十一郎身体高大健壮，长着一张大圆脸，留着两撇小胡子，小眼睛一眨一眨的，看着十分喜庆。他扭头一看，看到狄仁杰便咧开嘴笑着，伸出蒲扇般的大手抓住狄仁杰的臂膀说道："好你个怀英，学上放假便不见你人，见了面还要损我。"

两人见面不久，狄仁杰正待向对方介绍鹿鸣，旁边几人却耐不住。其中一个汉子出来说道："程少爷，你该不会是想要赖吧？"

狄仁杰还以为这几个人与程十一郎是朋友，现在听起来好像不是这么回事，不禁问道："十一郎，这是？"

程十一郎还未回答，那人便抢先说道："这位程少爷刚才与人争马，大言乃国子监高才，与我等打赌，我有一问，他若能解答便可不花一文将马牵走，若不成则赔付双倍马价。"

狄仁杰与鹿鸣都十分好奇，到底是什么问题。那人也不卖关子，又着手说道："我这一问也不难，听好。汉淮阴侯韩信有一日去兵营点兵，先是三人一组，多出两人；再五人一组，又多三人；最后七人一组，还余两人。问此营兵士有几人？"

这是著名的"韩信点兵"问题，韩信死于公元前196年，他遗留下来的不但有兵法，还有很多趣闻。"韩信点兵"问题就是以他之名流传下来的，在《孙子算经》中又做了系统的阐述，被欧洲人称为"中国余数定理"。而到了明朝，数学家程大位又对解法进行了简化，并写进了他的数学著作《算法统宗》中，只要背会了他的口诀，类似问题即可迎刃而解。

　　然而在唐朝时，除了国子监的明算科教材里有《孙子算经》，普通人家甚至官宦人家都不一定读过这本书，因此不但程十一郎不懂解法，连狄仁杰也完全不知该如何解决。

　　那人看到程十一郎愁眉苦脸的样子，忍不住哈哈大笑道："十一郎，你还是认输吧。"

　　狄仁杰无可奈何，只得把求助的目光看向鹿鸣："鹿郎君，不知你可有头绪？若是方便，还请相助十一郎。"

　　那么，鹿鸣能解决这个"韩信点兵"问题吗？

巧解"韩信点兵"

鹿鸣对"韩信点兵"问题有一定的了解，他听到那汉子的题目就知道对方隐藏了一个重要信息，没有这个重要的信息，就是神仙来了也算不出到底有多少兵士。

既然狄仁杰都开口了，鹿鸣肯定不能不解答。他看着那汉子说道："我可以问问那个营的士兵大概有多少人吗？"

那汉子面露讥笑地说："我要是知道了，还问你这个问题做什么。答不上来就答不上来，不要耍什么心眼。"

鹿鸣不知道那汉子是真的不知道还是假的不知道，不过对方这么恶劣的态度让他很不开心，于是对狄仁杰说："大郎，这个人出的题缺少关键，根本不可能有人解得出答案。"

程十一郎一听就炸了，一把揪住那汉子的领子，板着脸吼道："裴三你敢骗俺！"

那叫作裴三的汉子顿时急了，抓住程十一郎的手使劲儿掰却掰不开，连忙说道："十一郎莫要冲动！有话好好说！"

程十一郎似乎想到了什么，缓缓松开手，圆脸上一丝笑容也没有，盯着裴三说："裴三，俺不愿以大欺小，愿赌服输，莫不是你以为程某好欺负？"

裴三揉揉隐隐生疼的脖子，赔着笑道："没有的事，这位郎君提醒了我，我刚才确实是忘了。"

鹿鸣冷眼旁观，发现这个裴三色厉内荏，显然是打着"君子欺之以方"的念头。狄仁杰也看得明白，程十一郎原本是个讲究人，如果真是打赌输了，必然愿赌服输，但要是被人下了套，那也不是好说话的主。

到了这个地步，话必须说清楚，不然后患无穷。狄仁杰笑着对鹿鸣说："鹿郎君，你便与我们解释一番，也让我们弄个明白，究竟此事何解。"

鹿鸣不知狄仁杰的苦心，但他对解释这类问题十分拿手，自信地说道："好，那我就简单说说。'韩信点兵'难题传说出自汉淮阴侯韩信之手，但实际上出自《孙子算经》，这本书与《孙子兵法》名虽相近，但作者并非一人，其成书约在200年前。"

他说的这些典故是在场诸人都没有听过的，即便是裴三也听得入神。

鹿鸣继续说道："类似'韩信点兵'的问题，《孙子算经》中是这么写的：'今有物不知其数，三三数之剩二，五五数之剩三，七七数之剩二，问物几何？'书中给出的答案是23。"

程十一郎是个急性子，插嘴问道："那营士兵数量超过1000呢，怎的只有23了？"

狄仁杰劝道："程兄你听鹿郎君说完。"

鹿鸣继续说道："这里就牵涉一些数学概念了，具体的我也解释不清，就简单说说。书中23这个数字，说的是能满足题面条件的最小正整数。而能符合这三个条件的数字还有很多，这也是我要问大概有多少人的原因，不知道人数的大概范围，是不可能得出具体数字的。"

狄仁杰思索着说道："也就是说，不管是千人还是万人，都有能满足条件的数字，自然就无法得出具体人数了。"

看到鹿鸣点头，程十一郎也明白了，看着裴三说："你这市井奴还说没有骗俺？程某也不欺你，你把范围给出来，要是鹿郎君算不出，俺还是赔你双倍马价！若是算出，这马俺就牵走了。"

裴三苦着脸道："程少爷牵走便是，裴三无不从命。"

程十一郎不吃这一套："呸，俺老程不占你的便宜，莫要说俺仗势欺人。快点！"

裴三无奈，只得给报出一个数字："此营兵士应多于1000人。"

程十一郎连忙抓着鹿鸣的臂膀恳求道："小郎君快算算具体人数，定要让这厮心服口服，俺老程必有后报。"

鹿鸣点点头，心算了一会儿然后答道："此营士兵有1073人。"

裴三听到答案，确认无误，垂头丧气地把那匹马的缰绳递给程十一郎，苦笑道："愿赌服输，我裴三服了，此马请十一郎笑纳。"

　　程十一郎虽然没有追究裴三骗他的事，但也不介意故意恶心一下裴三。他哈哈一笑拉过马缰绳，摸着枣红马的鬃毛说："真是一匹好马，看这元宝蹄，再看这肚子、这眼神，好马啊！裴三破费了啊，哈哈。"

　　牵着马离开了马市过了一条街之后，程十一郎郑重地向鹿鸣行礼道："多亏了鹿郎君搭手相救，不然俺老程的面子可丢完了。此马不便割爱，明日定送上礼金百贯，以表谢意。"

　　鹿鸣已经知道百贯等于十万文钱，这对他来说是笔巨款，于是连忙表示拒绝："恰逢其会，举手之劳而已，程兄不必在意。"

　　狄仁杰也劝道："十一郎不必如此，此马虽好，也不值百贯，若真的过意不去，不妨请吃一顿饭即可。"

　　这匹枣红马也就是50贯到70贯的价钱，但程十一郎肯定不会这么算——难道他的面子不值钱吗？

　　不过鹿鸣和狄仁杰都不要钱，程十一郎也不好强求，他指着街的那头说："既然如此，俺就请怀英和这位郎君去那边快活，如何？"

　　鹿鸣不懂"那边"是哪里，狄仁杰倒是知道，笑骂道："你这憨货，可是忘了那次在胡姬酒肆遇到谁了吗？"

　　程十一郎嘿嘿笑道："今时不同往日，陛下离京，太子驻洛，我家大人岂能擅离职守。今日再去，必然不会撞上。"

　　鹿鸣听得糊里糊涂，狄仁杰笑着向他解释道："忘了介

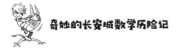

绍，这位姓程名俊，字处侠，家中排行十一。其父乃卢国公、左屯卫大将军程义贞是也。"

经过狄仁杰与程俊的一番解释，鹿鸣才知道，原来程俊的老爹就是经常出现在话本里的程咬金。本名程知节，字义贞，济州东阿人，最初落草瓦岗寨，后来为秦王李世民效力，参加过"玄武门之变"，为凌烟阁二十四将之一。

历史足迹

　　程知节，又叫程咬金，济州东阿（今山东东平西南）人。唐朝开国大将，凌烟阁二十四功臣之一。

　　隋朝末年，程咬金先后入瓦岗军、投奔王世充，后投降唐朝。随李世民破宋金刚、擒窦建德、降王世充，以功封宿国公。参与"玄武门之变"，历泸州都督、左领军大将军，改封卢国公，世袭普州刺史。

　　麟德二年（665）去世，追赠骠骑大将军、益州大都督，陪葬昭陵。其事迹常见于各种文学作品。

左屯卫大将军负责皇城防卫，其驻地在长安北面的玄武门外。程俊上次跑去胡姬酒肆玩耍时正好撞到他老子，被程国公带回家一顿胖揍，在家躺了半个月才出来。现在程俊认为皇帝东征，太子在洛阳，眼下长安留守的房玄龄是个爱管闲事的，程老爷子肯定得老老实实地待在岗位上，哪有时间来西市玩耍。

三人一马慢悠悠地往西市西边的胡姬酒肆走去，闲聊中鹿鸣听说程俊也在国子监就学，言语中不禁流露出对大唐最高学府的好奇之心。程俊是个知恩图报的热心肠，连忙拍胸脯道："此事易耳，鹿郎君想要看看国子监是何等模样，明日俺带你去便是。"

边走边聊，三人来到了胡姬酒肆前，这胡姬酒肆是胡商开的，店内与其他酒肆颇有不同之处。其他店里招待客人的叫作酒博士或茶博士，一般都是年轻的男性。而胡姬酒肆里，点菜上菜的都是西域来的胡姬，都是年轻的女孩。

胡姬酒肆的酒菜也以西域菜为主，颇具异域风情，其中以通过丝绸之路传来的葡萄酒为最。许多唐朝人都以来过胡姬酒肆为荣，诗仙李白也写下了"五陵年少金市东，银鞍白马度春风。落花踏尽游何处？笑入胡姬酒肆中"这样的诗句，诗中金市指的就是西市，胡姬酒肆就坐落于西市中。

程俊正待入内，却突然止住脚步，转过身对狄仁杰挤眉弄眼。狄仁杰不解，却连忙拉住鹿鸣，三人缓缓转身退走。走远之后，程俊才说道："好险好险，方才在门口俺看见俺府上的护卫程三风了，俺那暴躁老大人肯定在店里，快走，不要被他瞧见了，不然俺屁股要遭殃。"

既然去不成胡姬酒肆，程俊只得在另外一家酒铺请狄仁杰与鹿鸣吃饭。唐朝没有炒菜这种做法，一般都是煮或者蒸，再不就是脍，也就是片着生吃。而且那时候的食店是没有菜单这种东西的，进了店要么熟客自己点，要么就让店家看着上拿手菜。偶尔有些老店会有招牌菜，会写在木牌上挂在墙上，称为"水牌"，这种菜价格会比较贵。

程俊请客肯定要点好菜，落座之后唤来茶博士，先开口要几斤羊肉，特意叮嘱要多给胡椒去膻。结果茶博士面带难色地说："本店胡椒刚好用完了，不如换个别的。"

没办法，程俊只得换个蒸肉，另外再加一盘蒸果子。原本程俊还想喝两杯酒，但狄仁杰说日间饮酒不妥，于是作罢。程俊要了一壶酪，也就是酸奶，狄仁杰喝不惯酸奶，又多要了一杯梨浆，也就是鲜榨梨汁。

很快蒸猪肉就上来了，唐初还是分食制，因此每人面前都有一份套餐。鹿鸣面前摆着一只大瓷碗，里面盛着切碎蒸熟的猪肉，旁边是小碗装的蒜泥蒜汁，另有一碟豆酱，还有一盘黄面饼。

不会吃的时候就看别人怎么吃，鹿鸣看到程俊和狄仁杰都是先用蒜泥蒜汁与蒸猪肉搅拌，再加入豆酱，然后拿起面饼将拌好的猪肉放在饼上卷起来吃，于是也学着这样做。卷起的面饼包裹着调好的猪肉，一口下去满嘴流油。再喝一口酸奶，美滋滋的。

不久之后，蒸果子也来了。唐朝人很少生吃水果，比如这桌上的蒸梨，就是把梨子洗净后放在蒸笼上蒸熟再拿来吃，除了生津止咳，还可以解腻。狄仁杰喝的梨浆，是鲜榨的梨汁加上少许蜂蜜制成的，味道甜中带酸，解腻开胃。

吃着饭，程俊还心有疑惑，问道："裴三那一问，刚才没顾得上细想，一营士兵1073人是怎么得出来的？鹿郎君可否为俺解惑？"

鹿鸣解释道:"我是根据一道口诀来算的,这个口诀是'三人同行七十稀,五树梅花二十一,七子团圆正半月,除百零五便得知'。"

这个口诀便是明代数学家程大位在《算法统宗》中记载的口诀,鹿鸣虽然学习过口诀,但并不知道来历。

程俊默默地复诵了几遍这个口诀,又请教道:"这个口诀做何解?"

鹿鸣说:"假设有一个数,除以3余2,除以5余3,除以7余2,那么分别乘以70、21、15,其总和减去105,即可得出满足三个条件的最小正整数为23。因为题目要求是超过1000名士兵,因此要不断地加上105,直到超过1000为止,这样就能得到1073这个数字。也就是大于1000人的数字中最小的一个数字。"

这一顿吃完宾主尽欢,眼看天色不早了,三人各自告别。程俊与鹿鸣约好明天同游国子监,便骑上枣红马踢踢踏踏地跑了。

杜博士小课堂

韩信点兵、中国剩余定理

在小学数字中,有这样一类"物不知数"的经典题目,探索整除、"同余""同补"甚至稍许的不定方程,是学生打开初等数论大门的金钥匙。因涉及题型及"定理"内容较多,教学过程大多用"余数问题"统称此类知识,但本质不离数的整

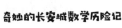

除性质。

"物不知数"问题有一通用的方法——逐步满足法。拿我们故事中的题目举例，"三三数之剩二，五五数之剩三，七七数之剩二"，先列举"三三数之剩二"的数2、5、8、11、14、17……在这列数中找到"五五数之剩三"的数8、23、38、53……（找到最小数8，之后加3与5的最小公倍数15，即可依次得到数列中的其他数），最后再在此列数中寻找满足"七七数之剩二"的数23、128、233、338……（找到最小数23，之后加3、5、7的最小公倍数105，即可依次得到数列中的其他数）。这也相当于解释鹿鸣所说"书中23这个数字，说的是能满足题面条件的最小正整数。而能符合这三个条件的数字还有很多，这也是我要问大概有多少人的原因，不知道人数的大概范围，是不可能得出具体数字的"，而裴三说出多于1000人，鹿鸣便可得知此营士兵1073人这个准确答案。当然1073人不断地再加105均满足"三三数之剩二，五五数之剩三，七七数之剩二"，只是在略多于1000这个限定条件下，1073便是唯一的准确答案了。

另：逐步满足法的过程细节，其实也可通过"同余"或"同补"来优化。"三三数之剩二，五五数之剩三，七七数之剩二"，我们不难看出"三三数之剩二"与"七七数之剩二"为"同余"，被3、7除均余2，那么可以优先寻找满足这两个条件的一列数，余数2即为满足条件最小数，再不断地加上3与7的最小公倍数21，得到数列2、23、44、65……此时再在此数列中找到满足"五五数之剩三"的最小数23即可，之后只需要按照限定范围尝试加上几个105即可快速确定我们要找的准确数。如之前有一个求筐中鸡蛋数目的题，便可用此法去解。题目如下：

一筐鸡蛋：

1个1个拿，正好拿完。

2个2个拿，还剩1个。

3个3个拿，正好拿完。

4个4个拿，还剩1个。

5个5个拿，还差1个。

6个6个拿，还剩3个。

7个7个拿，正好拿完。

8个8个拿，还剩1个。

9个9个拿，正好拿完。

问筐里最少有多少鸡蛋？

试试用我们的逐步满足法，1显然不需要理会，2、4、8的倍数关系明确，8是2和4的公倍数，所以我们只需要找"8个8个拿，还剩1个"（2个2个拿，还剩1个；4个4个拿，还剩1个均无须理会），即1、9、17、25……相近的道理，3、6、9的关系也可以一起来寻找，列举数列为：9、27、45……这样我们很容易看出两个数列中共有的最小数为9，只需要再不断加上8与9的最小公倍数72就可以列出：9、81、153……这样我们只剩下"5个5个拿，还差1个"与"7个7个拿，正好拿完"两个条件逐步满足即好。而"5个5个拿，还差1个"，数列中的9满足条件，那么新的数列就有了9、369、729、1449……（最小的数9不断加上72与5的最小公倍数360）。在这个数列中我们只需要找到满足最后的条件"7个7个拿，正好拿完"即找到答案。简单验证下，1449便是我们最终找寻的正确答案。

偷闯国子监

回到狄宅，用过晚饭之后，狄仁杰又来厢房与鹿鸣聊了一阵，主要还是请教一些《九章算术》上看不太懂的问题。只不过没有聊太晚，掌灯之后不久就离开了。狄仁杰临走时说，明天他要去城东的宅子给祖父请安，不能陪鹿鸣了，让鹿鸣在房里等程俊来接。

翌日，鹿鸣起晚了一点，起床后在屋里活动了一下，来到院里才发现狄仁杰已经出门了。鹿鸣去街面上吃了早饭——今天的早餐是面片汤加煎饼——然后回到宅里等程俊来。

大约上午九点的样子，程俊急匆匆地骑马过来了，他把枣红马牵进狄宅院子，在院中喊道："鹿郎君可在？俊依约而来。"

鹿鸣正在屋里无聊地打转，闻言推门而出，先学着狄仁杰的模样给程俊拱手作揖，然后才说道："十一郎终于来了，我可等你好久了。"

程俊嘿嘿一笑说："昨日晚饭吃了些酒，今日便起晚了，让郎君久等了。不过倒也无妨，国子监于辰初早课，现在正是

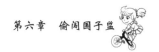

巳初，已经上大课了，门口必然无人，俺们正好堂堂而入。"

鹿鸣听狄仁杰说过，唐朝的计时方式是一天12个时辰，每个时辰约两小时，分为八刻，每刻约15分钟。而一个时辰中又分为"初"和"正"，分别代表前一小时的起始和后一小时的起始，比如申时是下午三点到五点，申初就是三点，申正就是四点。而辰初大概相当于早上七点，巳初约为上午九点。

因为唐朝没有钟表和手表，因此除了有日晷这种计时工具的地方，一般人都是靠经验判断，通常是看日头或者天色。鹿鸣的手环倒是能显示时间，但他也不能到处显摆啊。

既然程俊这么说了，鹿鸣也只能相信他了。两人准备出发之前，程俊突然发现鹿鸣没有代步工具——就像现代人出门坐车一样，唐朝人就是出门骑马了。

"鹿郎君无马，下次俺送你一匹，切勿推辞。"程俊说完，又拍着马鞍说，"今次没有准备，俺们就共乘一骑吧。"

听到这句话，鹿鸣又回忆起了人民公园里对马的恐惧，

古代用于计时的两种工具：日晷和滴漏

连连摇头说："不必了，不必了，我还是走着去吧，听狄大郎说国子监也不远，不必了。"

程俊哈哈一笑道："国子监就在务本坊，只隔了一条街。不过，小郎君好像有些惧怕骑马，倒是少见。"

被嘲笑之后，鹿鸣有些气愤，忍不住说道："笑什么？我这叫乘骑恐惧症，是极为稀罕的病症，并非我胆量不足。"

这么一说倒是把程俊糊弄住了，他抓抓发髻疑惑地说："还有这等病症？倒真是稀罕。也是，俺曾听大人说过，军中有些将士有见血即晕的病症呢，也很稀奇。"

看到程俊给自己打上了补丁，鹿鸣暗中松了口气，催促道："既然如此，那我们赶紧出发吧。话说回来，十一郎你不去早课没事吗？"

鹿鸣不骑马，程俊也不骑了，他牵着枣红马边走边答："早课缺上一两回应无大碍，大课缺一两天想来也不妨事，只要能通过先生的考验即可。"

鹿鸣暗想，这样看起来，国子监的教学还挺自由的，只要能通过考试，平时还是靠学生自觉学习，却没注意程俊那犹豫的语气。

从狄宅所在的崇义坊北门出去，过一条街就是务本坊。国子监在务本坊的西半部，隔壁是景云女冠观*和房玄龄府。

整个国子监占地不小，几乎占了务本坊一半的面积，大

---

* 景云女冠观：原为房玄龄宅，历史上是景云二年（711）改此名，在贞观十九年（645）时，并没有这处道观。此处是因为情节需要而做的改动。

约有17公顷。国子监的教职员总数为104人，学生总数超过3000人，作为当时的最高学府，国子监内部还有一座皇家拨款建造的孔子庙。整个国子监的房舍总数也超过了1500间，不但供给国内的学生使用，高句丽、新罗、渤海、吐蕃、日本等周边诸国王侯及酋长均派遣子弟来入学，最高峰时据说有8000人，可谓是大唐第一的国际性学府。

鹿鸣和程俊来到国子监的时候大约是巳时一刻，约等于上午九点十五分。按程俊的说法门口应该没人了，不料他们远远便看到门口仍然有三五个人。

程俊躲在马后张望了一阵，回头对鹿鸣说："看似有些不妙，不知为何今日几位老师都在门口，俺觉得还是不要去触霉头为好。"

鹿鸣听了颇为可惜，便宽慰说："也罢，今日不成，改日再说。"

程俊可不爱听这话，他觉得这么点小事都办不到岂不是丢了面子，连忙拉住鹿鸣说："鹿郎君莫慌，俺还有办法带你进去，跟俺来。"

跟着程俊往道观那边走了一段路，鹿鸣还在琢磨程俊有什么办法。没想到这家伙来到道观与国子监之间的小道上，把枣红马拴好，便鬼鬼祟祟地打量着墙头。

"程兄，你该不是想要翻墙进去吧？"

"哎？原来鹿郎君也有此意，俺们真是想到一块儿去了。"

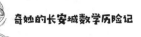

鹿鸣哭笑不得，谁跟你想到一块儿去了，别人翻墙都是为了逃学，你倒好，是为了进学校。不过，想想程俊也是为了完成昨天的承诺，鹿鸣倒也不好出言阻止，只好硬着头皮跟他一起翻墙。

国子监的墙头不高，这时代墙头也不会插玻璃，程俊块头大就在下面垫了一下，鹿鸣很快翻上了墙头。他还准备回头拉一下程俊，可程俊直接助跑几步便爬了上来，比鹿鸣利索多了。

鹿鸣坐在墙头观望一下院内，国子监靠墙种了许多李树和桃树，正好遮挡住了不远处房舍的视线。程俊看看没有人注意，便率先跳下去，又招呼鹿鸣快下来。

历史足迹

国子监是隋朝以后的中央官学，为中国古代教育体系中的最高学府，又称国子学或国子寺。唐承隋制，武德元年（618）唐设国子学，学额300人，学生皆为贵族子弟，教师24人。

设置祭酒一人，从三品；司业二人，从四品下。掌儒学训导之政，总国子、太学、广文、四门、律、书、算凡七学。丞一人，从六品下，掌判监事。每岁，七学生业成，与司业、祭酒莅试，登第者上于礼部。主簿一人，从七品下。掌印，句督监事。

两人做贼似的溜进树林，程俊指着远处的高大建筑说："那便是孔庙，春秋两时，陛下会派人来参加国子监的先圣祭典，那时端的是热闹非凡。不过，那里常年有人看守，俺

们就不过去了。"

程俊说这时候学生们应该都在上课，所以校园里行人稀少。但为了谨慎起见，两人还是尽量在树林里行走，小心翼翼的，怕被发现了。

鹿鸣偶尔看看手环的显示，却一直没有看到杜若的信号，他只好放下心情，向程俊询问他最关心的藏书阁："听说国子监有专门的藏书库，我很想见识一下，不知可否？"

程俊摇摇头说："你说的是藏书阁吧，那里是锁着的，只有让老师开出抄书凭证方可申请入内。俺一次都没去过，抄书那种磨性子的事俺可做不来，宁愿骑马去乐游原野游也不想去藏书阁。"

两人正在商讨去哪儿，程俊耳尖听到了脚步声，连忙示意鹿鸣噤声，拉着他躲到树后。不久，便有几个长者走过，交谈中竟然提到了程俊。

"卢国公那公子今日又逃学了吧？"

"可不是，这位公子书读不进，倒不如去从军，也好混个功名。"

"总归是要读一点的。"

"唉，就怕他带坏了其他的生员。"

这几人谈的话，让程俊听了很不爽，他嘀咕着："书读不进，那也不能怪俺，俺老程家就没这个脑瓜，老大人不也一样吗？"

鹿鸣听着程俊的话就想笑，果然不论古今，学渣"甩

鹿鸣、程俊翻墙出国子监，与妙真相见

锅"的对象都是父母遗传不好。正在忍笑中，却不料忽然站立不稳，踩到了枯枝，传出"咔嚓"一声。

"谁在那里？"

那几位先生顿时停下了交谈，站着往树林里张望起来。

程俊吓了一跳，想到被先生抓住请家长的后果，仿佛猴子烧了屁股一样，拉着鹿鸣就往围墙那边跑。两人气喘吁吁地跑到围墙边，又急急忙忙地翻过去，听到墙里传来的脚步声，也顾不上辨别方向，继续翻了一道墙，跳进了隔壁景云女冠观。

景云女冠观是景云观的女冠分院，所谓女冠就是女道士。在唐朝，由于皇帝崇信佛教与道教，因此长安城里佛寺和道观很多，也有许多女性出家，女冠观就是专门供女道士居住的道观。

程俊和鹿鸣躲在墙角下，悄悄地说："鹿郎君，这女冠观不欢迎俺们，小心些，躲上一阵便要离开，勿要引起注意。"

鹿鸣正待答应，却听到一个清脆的少女声音响起："你们俩在这里做甚？是小贼吗？"

他们俩抬头一看，竟是一个粉雕玉琢的小姑娘。脸皮白净中带着红晕，穿着一袭青色道袍，年龄十二三岁，头上梳着道士髻，用一根玉簪插住，双手抱在胸前，一双灵动的眼睛瞪得大大的，摆出一副老气横秋的模样看着这边。

程俊连忙一边对小女冠做出一个不要说话的姿势，一边作揖，同时也给鹿鸣打着眼色，示意他赶紧服软，千万不要被隔壁的先生们听见了。

看到对面两人赔笑作揖，小女冠很有默契地没有说话，过了一阵才说道："你们胆子好大，竟然去国子监行窃。"

程俊估摸着先生们应该走了，这才挺起腰杆，小女冠和他比起来只到他的三分之二高。

"小娘子，俺不是贼，休要胡言。"

小女冠皱起鼻子，一脸鄙视地说："贼都这么说，我看你就是，不然躲什么？"

程俊嘴笨，又仗着自己体壮，气得哇哇叫，便走过去想吓唬一下这个小女冠。

鹿鸣不忍心，连忙劝道："程兄，算了吧，不要跟她……"

话未说完，鹿鸣就惊掉了下巴，只见身躯庞大的程俊竟然被对面体态娇小的小女冠绊倒在地，踩住了背脊。

程俊羞红了脸，低声喊道："这不算，是这小女娃暗算了俺，放俺起来再战一回。"

小女冠毫不费力地踩着程俊，笑嘻嘻地说："放你100回也不是我的对手。"说完她脚下一使劲，程俊"哎哟"一声就起不来了。

鹿鸣看程俊靠个儿是翻不了身了，只好拱手道："这位……小娘子，我这位兄弟性格急躁但不是坏人，还请你把他放了吧，我们马上就走，再也不来了。"

小女冠笑道："小郎君方才劝他不要动手，还算有几分善意，那我也不为己甚，你若是能答上我一个问题，我便放了他。"

"若是答不上呢？"

"若是答不上，就让这个大块头替我做工，把那边一垛柴劈了便是。"

鹿鸣和程俊扭头一看，旁边一个高达3米的柴堆，全部劈完怕不是要两三天。程俊急了，连忙恳求道："鹿郎君，你一定要答上啊，俺……俺都靠你了。"

鹿鸣无可奈何，只得答应。

小女冠出的到底是什么问题呢？鹿鸣能答上来吗？

第七章

测量问题

　　看到鹿鸣答应了，小女冠眼珠一转，抬手指向不远处院中的水井。

　　"看到那口水井了吗？"

　　"看到了。"

　　小女冠收回手，叉着腰扭头看向鹿鸣说："此井乃前朝时所挖，我一直很想知道这口井到底有多深，但是又没有合适的测量工具。这位小郎君，我手头只有一根长绳，但也不知道绳有多长，你能不能用这根绳子只测量两次就测出井深与绳长呢？"

　　听完这段话，鹿鸣眉头一皱，答道："没有任何测量工具，也没有任何数据？那谁来也测不出。"

　　小女冠嘻嘻一笑，露出一嘴小白牙，说道："那好吧，我再给你一点提示。当初我也动手测量过井深，那根绳子太长了，我先把它折成三折，放入井中，井外尚余六尺。第二次测量时，我将绳子折成四折，井外还余一尺。现在，请小郎君告诉我，井深几许？绳长几何？"

小女冠说完，鹿鸣顿时松了口气，还好不是太难的问题。在鹿鸣看来，这个问题有两种解法，一种是二元一次方程，将井深与绳长列为两个未知数；另一种是以井深或绳长为未知数，将另一个未知数以数学表达式的形式写出，也可以进行相应的计算得出结果。

看到鹿鸣陷入沉思，小女冠得意地笑道："小郎君若是答不出也无妨，让这个傻大个劈柴便是。"

"不可，不可，万万不可。"程俊眼巴巴地看着鹿鸣，"鹿郎君，俺老程相信你，你一定能行，千万不可放弃呀。"

被他们俩一打岔，鹿鸣只好随便选了一种进行解答，他在地上找了一块石头，蹲下来边画边说："我是这么考虑的，首先，小娘子第一次测量时是三折，井外余六尺，即井外总绳长为一十八尺，井内则有三倍井深，这一点你们能理解否？"

小女冠眼前一亮，微微点头。被她踩在脚下的程俊也在点头，颇为兴奋地说："老程也听懂了，鹿郎君这么一说，好像也不难理解。之前，俺还以为井外只有六尺呢，若不是鹿郎君点明三折，俺就被骗了。哎，轻点儿！"

小女冠对程俊说的"骗"这个字很不满，稍稍镇压了一番，便催促道："还有呢？你继续说啊。"

鹿鸣对程俊做了个无可奈何的表情，继续比画着说："第二次测量时，绳乃四折，以此类推，井外还余四尺，井内有四倍井深的绳子。让我们假设井深为甲，便可如此计算。"

接着他在地上写出等式：

$$三甲＋一十八尺＝四甲＋四尺$$

两边同时减去三甲，则有以下等式：

$$一十八尺＝一甲＋四尺$$

所以得出结果：

$$一甲＝一十八尺－四尺＝一十四尺$$

代入井深，得出绳长：

$$绳长＝四甲＋四尺＝五十六尺＋四尺＝六十尺$$

十尺为一丈，故井深一丈四尺，绳长六丈。

在地上写完算式，鹿鸣扔掉石头拍拍手，站起来说道："答案就是，井深一丈四尺，绳长六丈。这位小娘子，可还满意？"

小女冠听到一半就知道他的解法是正确的，她说话算话，当即放了程俊，走过来看着地上的痕迹，取笑道："算得很对，就是字写得丑了点儿。"

程俊连忙爬起来，拍拍身上的土，凑过来瞅了一眼，说道："算对了就行，没事的话，俺们就走吧。"

他想想又觉得不甘心，便又向小女冠作揖道："今日冲撞了小娘子，是俺老程的过错，不知小娘子如何称呼？"

小女冠瞟了程俊一眼道："你该不是想要报复我吧？"

程俊连忙否认："没有的事，正所谓不打不相识，俊对小娘子的技艺十分佩服，若是知晓名号，也好有个追赶的目标。"

鹿鸣还以为程俊是真的这么想，想想自己也还没通名，便也作了个揖，道："我是鹿鸣，方才急切之下误入贵观，实在

抱歉。"

小女冠对鹿鸣就客气多了，双手交叠于身侧道了个万福，笑道："小郎君对这算学颇为精通啊，看你思路清晰、反应灵敏，莫不是明算科的学子？"

鹿鸣摇头说："非也，只是对此略有心得，不敢说精通。"

小女冠也不细问，想了想说道："我是此观中的女冠，道号妙真，俗家姓窦，你唤我道号即可。"

程俊原本还想说些什么，可当他听到"妙真"这个道号，立刻就变了脸色。他很快恢复了正常，若无其事地对鹿鸣说："鹿郎君，若是无事，俺们该走了。狄大郎午间便要回家，俺们正好一起吃饭。"

鹿鸣不疑有他，便向妙真道别，程俊拒绝了从道观正门出去的建议，两人再度从院墙翻了出去。程俊的借口是这边出去更快，而且马也拴在附近，但实际上是不想被人知道来过道观。

妙真目送两人翻墙离开，脸上的笑容逐渐散去。她走到写满算式与简笔画的地面前，低头看了良久，这才用脚将印记全部擦去。

程俊带着鹿鸣离开景云女冠观，找到自己的枣红马，解开缰绳拉着马很快就离开了务本坊，往崇义坊走去。

鹿鸣不知道程俊为何跑这么快，奇怪地问道："程兄，为何走这么快，莫非你很害怕那个妙真小娘子？"

程俊做贼心虚似的左右张望一阵，发现周边无人，这才小声道："郎君你有所不知，这个妙真可不是小人物，她母亲

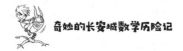

是太上皇的六女，说起来还是陛下的侄女呢。"

鹿鸣奇怪地问道："咦？那她小小年纪为何会出家？"

程俊叹了口气说："具体情况俺也不知，只是坊间传说，她母亲似乎风评不佳。这种皇帝家事，不是你我能置喙的，最好问都不要问。"

鹿鸣来自后世，对这种顾忌没有体会，不过看到程俊十分在意，便也小声说道："那妙真也挺可怜的，小小年纪就离开父母，一个人住在道观里，唉。"

程俊苦笑道："你就不用同情她了，我大唐皇室财力雄厚，对直系成员一贯大方。她母亲身为公主，月俸便已不少，逢年过节还有赏赐，再加上封地的收入，只要不是特别败家，怎么也够花了。再说，她父亲就她这一个女儿，怎么也不能亏待了啊。"

"她父亲又是谁？"

"咳，她父亲是 国公，祖父可是开国功臣，一门两国公，还都是开国公，袭爵不降等。"

历史足迹

降等承袭，是指继承人在原爵位基础上降一级继承，这样依封爵制度等级一级一级地降。世袭罔替是指继承人可按原爵位继承，子孙不必降爵，可代代承袭下去。小说《红楼梦》中就描写了贾家面临降等承袭的压力，贾家家长要求不能再承袭爵位的宝玉努力仕途经济，考取功名，以再保住贾家家门荣光的故事。

鹿鸣不懂这些，但他知道程知节也是国公，于是说道："程兄也不差啊，卢国公也是国公吧？"

说到这里，程俊便笑不出来，解释道："唉，国公倒是国公，可俺是庶家出身，若要取得功名，还得靠自己。"

这里面的讲究还真不少，鹿鸣听程俊说了半天才算了解一二。唐朝男性可以娶好几个夫人，正室也就是大老婆的嫡长子才能继承爵位，侧室也就是小老婆的孩子属于庶出，是不能继承家业的，要想出人头地必须自己努力。不过唐朝的皇帝比较讲人情味，对于功臣的子女通常会赐予一个散官或者勋位，可以拿一份俸禄，就算笨一些也不至于饿肚子。

鹿鸣和程俊回到务本坊的狄宅，与狄仁杰一块儿吃了午饭，席间程俊又想喝酒，但又被狄仁杰劝住。吃完饭，狄仁杰请两人喝茶，众人来到后院，这里比前院更清净，角落有一株高大的槐树，树下有一面石桌和配套的石凳。

三人在桌边坐下，程俊好奇地问道："大郎，你家乃北方世家，为何会喜好南方的茶叶？"

当时唐朝的北方世家多以奶制品为主要饮料，而茶叶比较少见，只有南方世家和寺院较习惯饮茶。而当时的茶与后世的茶也不一样，后世常用的炒茶法是明朝才出现的，意在保持茶叶原本的味道。唐宋时的蒸青法，做出的是团茶，喝茶时需要开水冲泡，还要搭配香料。这种吃茶法在国内并不流行，反而在日本茶道中保存得较为完好。明太祖朱元璋认为团茶制作劳民伤财，而且因工艺原因导致滥用香料，失去

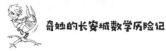

了茶叶本身的味道，因此从朱元璋时代起，炒茶逐渐成为中国茶的主流。

狄仁杰笑道："十一郎有所不知，家中常接待客人，互赠礼物时常见茶团，久而久之也就习惯了。"

石桌上已经摆好了一套器具，狄仁杰先从茶缸里取出一个茶饼，将其掰碎，然后放入小铜锅里，放在小火炉上烤。碎茶饼被烤红烤干之后，狄仁杰将其倒入木碗里，用钝器"咚咚咚"地将其捣成碎末。

接着狄仁杰用茶釜烧水，同时打开配料木盒，询问两位客人道："你们有什么不爱吃的吗？"

鹿鸣伸头一看，木盒分为好多小格子，每个小格子里放着一种香料。分别有葱、姜、花椒、大枣、桂皮、橘皮、薄

出土的唐朝茶叶套具文物

镏金飞鸿球路
纹银笼子

镏金人物画银
镏子

蕾纽摩羯纹
三足架银盐台

龟形镏金银盒

镏金鸿雁云纹银
茶碾子及银碾轴

镏金仙人驾鹤
纹壶门座银茶罗

荷等。另外还有几个小陶壶，分别装着酸奶、果汁和不知什么成分的油脂。

程俊没什么忌口的，他排除了花椒，说是不太喜欢麻味。鹿鸣完全无法想象这些东西和茶混在一起是什么怪味，但他又不能全部否决，只好把最不能接受的葱姜和小陶壶的三种液体去掉。

狄仁杰按照他们的要求，去掉了几种香料，把剩下的全部倒入茶釜。等茶釜中的水烧开之后，再把碎茶末倒入茶釜中，搅拌均匀，再次烧开便移开了茶釜。

最后他拿出几个黑陶碗，把茶釜中的液体倒入碗中，这就是唐朝时最为高雅、最为艺术的品茶成果了。

三人中，狄仁杰对这种乱炖型怪味茶最为习惯，喝得有

唐人煮茶图

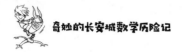

滋有味。程俊有点接受不了，但还是捏着鼻子喝了一大半。只有鹿鸣闻到味道就难受，只喝了一口就再也不喝了。

历史上，88年后出生的茶圣陆羽也对这种喝茶法嗤之以鼻。他所总结的正宗唐朝煎茶法被写成了《茶经》，被日本遣唐使学走，并保留至今。

杜博士小课堂

盈亏问题

盈亏问题又称"盈不足问题"，小学典型的应用题类型之一。题干是把一定数量的物品平均分给一定数量的人，而物品数量与人数均是未知的，只已知两次分配中一次有盈（剩余），一次是亏（不足），求未知的物品数量与人数。（两次分配也均是盈或亏。）最早可追溯到我国的《九章算术》，后传到亚细亚和欧洲，甚至在很早的意大利数学书籍中称这种计算方法为"中国算法"。

高年级普遍作为方程的经典练习题目，理解物品总数与人数两个不变量，设人数为未知数并通过计算两次分配下的物品总数量相等来快速列方程解答。在低年级则同"鸡兔同笼问题"共为"假设法"最好的试金石与炼金石，考察与充分锻炼了学生的假设思维。

故事中提道："那根绳子太长了，我先把它折成三折，放入井中，井外尚余六尺。第二次测量时，我将绳子折成四折，井外还余一尺。"我们将绳长看为分配物体总数，井深作为人数，这样"三折而入余六尺"即每人分到3份，盈（剩余）

$3 \times 6=18$份，假如我们将这18份每人再分1份（"四折"，即每人分4份，$4-3=1$份），那么还盈（剩余）$4 \times 1=4$份，这样我们就又分出了$18-4=14$份的物品，每人又分1份，共分出14份，显然是有14人了。人数（井深）确定了，总数（绳长）便非常好求了，任选一次分配的方案逆推而回，即$4 \times (14+1)=60$份（"折成四折，井外还余一尺"）。这样便知井深一丈四尺（一丈等于十尺），绳长六丈。

道理清楚了，只需要记得以下三种情况下的算法即可快速得出盈亏问题的答案。

➤（盈+亏）÷两次分配差＝份数（人数）

➤两盈之差÷两次分配差＝份数（人数）

➤两亏之差÷两次分配差＝份数（人数）

拜见李淳风

　　三人坐在树下喝着茶，狄仁杰和程俊聊着最近城里发生的新鲜事，鹿鸣却发愁至今没有找到杜若的信号。他一个人势单力孤且人生地不熟，要在长安城里找一个人恐怕会很难。鹿鸣当初和杜博士约好最多三个月，如果还是找不到就必须打开信标，接他回去。时间还是很紧张的，不能瞎耽误工夫。

　　狄仁杰很快发现了鹿鸣忧心忡忡，他和程俊对视了一眼，想了想说道："鹿郎君，是不是有什么烦心事？不妨说来听听，我与程兄也许能帮上忙。"

　　鹿鸣犹豫片刻，想到也许借助这两位朋友的力量能更快找到人，于是直起腰答道："实不相瞒，我这次来长安，是为了寻人。"

　　程俊心急，脱口问道："要寻何人？"

　　鹿鸣答道："是我祖父老友的孙女，姓杜名若，与我年纪差不多，她身边带着一只白色的叫咪咪的猫。"

　　鹿鸣把杜若的外貌描述了一番，狄仁杰与程俊回忆了一阵，都摇头说没见过。

程俊说："鹿郎君莫急，俺今日回去，便去央求二兄，他如今很得大人看重，想必能借用些人手于城中打听。"

狄仁杰也想出一个点子说："不如画些图形文字，张贴于城中，若是有人知情，便叫他来此处告之，当有财物回报。"

程俊当即拍板道："此计甚妙，些许浮财不值什么，俺都出了。"

鹿鸣听完十分感动，他与二人萍水相逢，却不料他们待人以诚，为自己的事儿这么上心。

但是鹿鸣肯定不能花程俊的钱来做这些私事，于是婉拒道："我来长安时，带了不少钱财，足够支应这些花费，程兄的好意我心领了。"

程俊听着不高兴了，板着脸说道："鹿郎君这是瞧不起俺老程，你在西市马市帮我赢了一匹好马，俺还欠着你的人情，当初给你不要，现在可由不得你。"

由于程俊态度坚决，加上狄仁杰在旁劝说，最后鹿鸣只得答应让程俊来操办这些事，算是他还了人情。其实程俊还有一件事没说，那就是在景云女冠观被妙真打倒，那时候也是靠了鹿鸣才脱困。这事太丢人，因此他不想到处宣扬。

既然要画图形文字，自然是要请画师的，不过鹿鸣有他自己的担心。唐朝时的绘画水平不低，但并不是写实的画风，而更倾向于写意。也就是不追求形似，而以神似为主，更讲究意境。知名画师的水平比较高也就罢了，若是一个庸才画师，那就好像是悬赏布告上的头像，连犯人自己都认不出来。

历史足迹

　　唐朝宫廷画师张萱的《虢国夫人游春图》，描绘了多姿多彩的唐朝宫廷仕女的日常生活。唐朝宫廷仕女都比较丰满，头上梳高髻，衣着鲜艳而华丽。但是在这幅图中，聪明的小读者，你们能运用古代文化常识，辨别出究竟哪位是尊贵的虢国夫人吗？（图见后页）

　　鹿鸣说出这个顾虑之后，狄仁杰很快就提出了解决之道，他说："这事也不难，据我所知，太史局便有此类画师，若要借其私用，还得通过太史令或太史丞。"

　　程俊听到"太史丞"顿时一拍大腿说道："太史丞李道之，那俺认识啊，与俺家老大人一同吃过饭。若是下午无事，你们便可跟俺去拜访。"

　　狄仁杰若有所思，点着桌面说道："李道之乃是谶纬之士，于天文历法颇有研究，若是有机会，鹿郎君可请他为你算一卦，兴许会有益处。"

　　程俊也点头称是，附和说："狄大说得没错，若是再早几年，袁道长也在京城，那位可是个活神仙，说不定可以给你算出来人在何处。"

　　程俊说的袁道长就是袁天罡，是隋末唐初的知名天文学

《虢国夫人游春图》

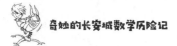

家和玄学家。历史上有许多关于他和李淳风的传说，据说《推背图》就是他俩合著的，惊人地预言了许多历史事件。袁天罡是四川成都人，曾被唐太宗召入长安伴驾，几年前在他的恳求之下，唐太宗放他回益州，继续担任火井县令。而他们所不知道的是，袁天罡就是在贞观十九年（645）去世的，甚至在年初他就算出自己的死期将至，从而在后世传为佳话。

　　他们说的李道之，就是李淳风，担任太史局的太史丞。太史局的主要职能是观察天象、推算节气和制定历法。这个单位是在隋朝建立的，最初叫作太史曹，隋炀帝时改为太史监，唐初改为太史局，宋朝时改为司天监，明朝时改为钦天监。

历史足迹

　　天文学在古代被视为帝王之术，学习的人比较少，具备观星能力的顶尖人才更是稀缺。唐朝统治者想方设法将这些人才全部招揽至太史局或者司天台，并统一管理，避免他们在民间私自观测，散布占星结论。对于一些天文学上的人才，统治者也是视若珍宝，倚为亲信。《新唐书·李辅国传》中就记载了韩颖、刘恒两位民间的观星大家，被唐肃宗招至司天台，并兼任待诏翰林，成为皇帝的私人顾问，深得皇帝的信任。

　　为了保证天文观测的准确性，唐朝对天文观测人员的要求很严，太史局、浑天监和司天台里的每一位官员都有自己相对应的职责，不允许他们参加自己职责范围之外的天文活动，甚至与自己职责无关的天文器材都不能碰。

听狄仁杰和程俊说得神乎其神，鹿鸣对此半信半疑，他所生活的年代受到的教育是不相信这些神秘的东西的，但是两位朋友的态度如此肯定，又让他产生了些许的动摇。

想着闻名不如一见，鹿鸣答应了下午与程俊、狄仁杰一同去拜访李淳风。上门拜访总不能空手去，好在鹿鸣虽然不懂当时的行情，还有狄仁杰和程俊指点。

唐朝去别人家里拜访，除了携带礼物之外，有时还要准备名刺。最早的名刺是竹片做的，唐朝时一般用纸代替。这种名刺上会写着拜访者的名字，交给对方家仆转交主人，算是一种较为正式的通告方式。当然，如果是比较熟的关系，就不用这么讲究。

太史局位于皇城内，最近的城门是含光门，太平与善和两坊之间的街道往北，穿过宽达100步的朱雀门横街即是含光门。自崇义坊出发要经过好几座里坊，最快的方式当然是骑马。

鹿鸣没有马，而且他害怕骑马，甚至不敢与人共乘。狄仁杰无奈，只能找来一辆牛车，虽然走得慢，但这样好歹看起来比较正式。

三人写好了名刺，备妥了礼物，坐上牛车，旁边跟着仆人，车前坐着御者，这才正式出发。不出发不知道，这牛车是真的慢，鹿鸣感觉自己走路都比坐车快，旁边跟着的狄家和程家的仆人都跟散步似的。

鹿鸣忍不住问道："咱们非要坐车吗？走路不是更快点？"

鹿鸣和狄仁杰、程俊一起拜访李淳风

狄仁杰解释道："你有所不知，我等与李道之并不熟识，拜访就必须依礼而行，骑马或坐车也是为了尊重长者。况且皇城也非别处，若是步行，恐怕卫兵都不会让你进去。"

鹿鸣听了非常自责，要不是自己不能骑马，也不会给两位朋友增加这些麻烦。想到这里，他发誓一定要想办法克服这个毛病，因为在这个时代，不会骑马几乎就等于没法出门。

对鹿鸣有这样的决心，程俊和狄仁杰都非常高兴，程俊拍胸脯保证明天就送一匹马来，狄仁杰也愿意和程俊一起教鹿鸣学会骑马。

含光门是一座拥有三个城门的关口，中间的城门一般都是关闭的，只有侧门开着，供车马通行。守卫城门的卫兵检查了牛车之后，很快就放行了。

进入含光门之后，第一栋建筑就是鸿胪寺，这是唐朝用来接待外宾的部门，外国进京的使团基本都住在这里。

这时候的鸿胪寺看起来闹哄哄的，似乎有很多人说话走动，程俊对此十分好奇，遣了仆人去打听。很快仆人回来了，说是今天有突厥使团抵达，正在安排住宿。

程俊不解地对狄仁杰说道："奇了，这时候突厥人派使团来做甚？"

狄仁杰也不清楚原因，试着分析道："西域一直就不安宁，前几年乙毗射匮可汗崛起，把乙毗咄陆可汗赶跑了。现在派使团过来，可能是想与大唐和解。"

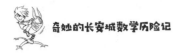

这事儿与他们的目的无关，闲聊几句就带过去了。从鸿胪寺过一条横街就是太史局，牛车停在门口，仆人递上名刺和礼物，不久就有人请三位客人进去。

李淳风年约40岁，看起来保养得很不错，面色红润，眼睛炯炯有神，令人感到惊讶的是他的眉毛又浓又长，仿佛两把小刷子。这个时代的男子都习惯留胡子，李淳风也不例外，他有三缕长须，梳理得十分整齐，没有纠缠打结的现象。

太史丞有独立的办公间，唐朝的公务员待遇很不错，不但管饭还有休息喝茶的接待室。唐初还没有大规模地使用"胡凳"——所谓胡凳就是椅子——因此太史局的接待室里放了木榻，这是比较讲究的，若是一般人家可能就只有竹席铺地跪坐了。

历史足迹

跪坐是一种对对方表示尊重的坐姿，也叫正坐。姿势就是席地而坐，臀部放于脚踝，上身挺直，双手规矩地放于膝上，端庄大气，目不斜视。有时为了表达说话的郑重，臀部离开脚跟，叫长跪，也叫起。乐羊子妻劝丈夫拾金不昧时，就用这个姿势说话。

双方见面行礼后分别坐下，先由程俊开头寒暄几句，狄仁杰也敲了几句边鼓，然后便提出了借用画师的请求。李淳风得知是为了寻人，也不涉及犯忌的事，便爽快地答应了，也算是卖了程家和狄家的面子。

古人跪坐图

　　鹿鸣看到事情得到了解决，心情愉快地向李淳风道谢，李淳风仔细打量着鹿鸣，半晌没有说话。

　　狄仁杰略感不安地问道："道之先生，鹿郎君莫非有何不妥？"

　　李淳风摇摇头，自言自语地念道："怪哉，怪哉。"

　　程俊更是心急，忙问道："道之先生，何怪之有？"

　　李淳风一言不发，一时间无人说话。不久，听到外面有人通报说："妙真道人来了。"

　　鹿鸣与程俊有些诧异，这个名字耳熟啊。没多久，便从门口进来一位道姑，鹿鸣一看果然是景云女冠观的那个妙真小姑娘，程俊却慌忙侧过身去。

　　李淳风显然与妙真熟识，看到她走进来便问道："今日又有什么疑难了？"

　　妙真正欲回答，却见到两个熟人，笑道："李先生稍待，

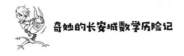

这不是鹿郎君吗？怎的在此闲叙？"

鹿鸣只好把自己想要寻人，却又缺少画师的事儿说了一遍，末了还客气地向狄仁杰与程俊这两位朋友问道："太史丞有客人，我们是不是该走了？"

狄仁杰与程俊还未答话，妙真却出言阻拦："别急着走啊，鹿郎君的算学功底不错，正好共同探讨一番。"

李淳风本来还在看热闹，听到这里不禁来了兴趣，插进来说："哦？既然妙真如此看好，那这位鹿郎君的算学想必是不错的，不妨留下来聊一聊。"

既然如此，鹿鸣也就不客气了。狄仁杰和程俊自然也不会离开，同样留下打算看看热闹。

妙真坐下之后，先起了个头："去年元日时，陛下于太极宫赐宴，席间有艺人献技，歌者着红袍，舞者穿黄衫。我在席间听到他们之中两人闲聊，其中一个歌者说'我看到的红袍者人数为黄衫者的2倍'，而另一位舞者却说'不对，我看到的红袍者是黄衫者的3倍'，试问他们一共有多少人？"

第九章

红袍与黄衫

妙真将设问说完，也不等旁人接话，便向李淳风解释道："昨日晚间有人问了我一个类似的问题，我把题目改了些许，便拿来献丑了。李先生，我知道你肯定算出来了，但还请不要说出来，我先看看他们的解法思路。"

李淳风含笑点头道："好，我不说。"

狄仁杰一时间没有想明白，还在思索。程俊性急，想了一会儿想不出来就埋怨道："这两伙人也是奇怪，数都数了，却不报数，偏要讲倍数，岂不怪哉。"

鹿鸣笑道："这是故意为之，就是为了隐藏条件，增加难度。"

程俊不服气："那你这是知道怎么解了？"

鹿鸣笑答："其实也容易，你只消将红袍者人数与黄衫者人数均设为未知数即可。而红袍者与黄衫者的实际人数是不变的，因此他们的说法必然可以互相联系起来。"

狄仁杰听到这里，突然灵光一闪，说道："如此说来，这讲述者本人显然是不会将自己数进去的，这就是红袍者与黄衫者所见倍数不同的原因所在。"

鹿鸣看到狄仁杰悟出了这一点，高兴地补充道："对，这就是当局者迷啊。"

"当局者迷？"李淳风听到这一句，眼前一亮，"好句，果然好句。鹿郎君虽然年轻，却见识不浅，果然……嗯，不错。"

狄仁杰也十分赞同地说："鹿郎君说得真好，短短四字便道尽其中奥妙，细思又有不少收获。"

鹿鸣的历史学得不太好，当然不会知道"当局者迷"这四字俗语是宋朝出现的，唐朝虽然有类似的体验，却没有人将其总结精练出来。类似含意的诗句"不识庐山真面目，只缘身在此山中"也是宋朝的苏轼写的。

程俊没有体会到其中奥妙，反而觉得他们在跑题，连忙问道："本人不会将自己数进去是什么意思？"

狄仁杰解释道："我举个例子，你现在数数这里有多少人，是不是不会把自己算进去？"

程俊一想，是这么回事，咧开嘴笑了。

妙真这时候插话道："这事儿倒也未必，只不过此问中，这一点是肯定的。所以，集众人之智，此问的解法也就呼之欲出了。以鹿郎君之说，只需将红袍人数与黄衫人数设为固定的未知数，然后令等式成立，即可算出人数。具体的过程，就由鹿郎君来演示一下吧？"

鹿鸣也不推辞，口述的同时心算着说道："红袍者所言漏算他自身，即红袍者为黄衫者的2倍多1人。而黄衫者所言同理，红袍者为黄衫者的3倍少3人。设红袍者为甲，黄衫者为乙，可得出以下算式。"

甲＝乙×2+1

甲＝乙×3-3

乙×2+1＝乙×3-3

1＝乙-3

乙＝4

甲＝9

鹿鸣总结说："由此可得两者总人数为13。"

程俊一脸迷惑地问道："为什么黄衫者要少3人？如果不算他本人，不是只少1人吗？"

鹿鸣答道："因为我们要计算的是红袍者的人数，红袍者是黄衫者的3倍，而黄衫者实际少1人，倒推回去，自然就少了3人。"

看到程俊还是不太理解的样子，鹿鸣只好用随身携带的铜钱打比方，他在桌上摆上铜钱，说道："你把铜钱当作算筹，上面的是分子，下面的是分母，黄衫者为红袍者的$\frac{1}{3}$，则上为3，下为9，实际黄衫者有一人未计算本身，上实数为4，把这个铜钱单独放置，以此反推计算红袍者人数，就要乘以3，即3倍，也就是说本身没有计数的这个黄袍者也要乘以3，这样等式才能成立。"

解释到这个程度，程俊终于理解了，连连点头，一副恍然大悟的样子。

妙真对此十分满意，笑道："鹿郎君果然没有辜负我的期望，此问解得无懈可击，连程公之子都看懂了，着实不易。"

这话里暗暗地损了程俊一把，但程俊不知道是没有听出来，还是装作没听懂，反正是毫无反应，倒是狄仁杰听着微微一笑。

李淳风一直旁观，对鹿鸣的表现也十分满意，这个少年解法思路清晰，难能可贵的在于不但自己能解开，还能深入浅出地把问题向其他人解释清楚，这一点非常难得。

说到这里，妙真带来的这个问题已经没有继续探讨的余地，大家便准备告辞，毕竟这里是公署不是私宅，不能长期妨碍别人的公事。

在临别之前，李淳风不但欢迎今天的几位客人去他家中做客，还特意又出了一道题，他说："妙真的设问中含有一些推理的因素，我这里还有一道与推理有关的谜题，也与陛下设宴有关。"

正好太史局的接待室里备有笔墨，狄仁杰被推举出来记录下了李淳风的问题。其题目如下：

陛下在酒宴上来了兴致，拿出一壶御酒作为彩头，说如果有人能猜出他刚才写的五个各不相同的数字，同时数字的排列顺序也正确的话，就能拿走这壶御酒。甲大臣猜的是"83142"，乙大臣猜的是"14638"，丙大臣猜的是"40186"。皇帝陛下看完笑了，说他们三人都猜中了位置不相邻的两个数。那么，皇帝陛下写的五个数字到底是什么呢？

李淳风看到狄仁杰将题目记下，便笑道："此题有一些难度，你们不用着急，慢慢考虑，有了答案便可来我府上做客。"

鹿鸣他们离开了太史局，妙真也跟着离开了。众人来到院中，妙真看到牛车顿时笑出声："你们是坐牛车来的？真有意思。"

鹿鸣闻言十分羞愧，狄仁杰和程俊也无言以对。有人牵过一匹五花马，妙真接过缰绳，从马背上取下一个带纱的斗笠戴在头上，身手矫健地跳上马。

历史足迹

五花马，指珍贵的马。一说剪马鬃为辫，分为五个花纹或三个花纹，以象天文。唐朝开元、天宝年间，社会上很讲究马的装饰，常把马的鬃毛剪成花瓣形状，剪成三瓣的叫三花马，剪成五瓣的叫五花马。后来演化为一般良骥的泛称。

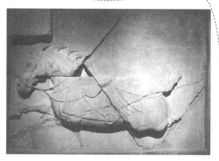

昭陵六骏之白蹄乌

唐李白《将进酒》：五花马，千金裘，呼儿将出换美酒，与尔同销万古愁。

唐杜甫《高都护骢马行》：五花散作云满身，万里方看汗流血。

唐无名氏《白雪歌》：五花马踏白云衢，七香车碾瑶犀月。

元萨都剌《偶成》诗之二：明日醉骑五花马，吹箫踏月过扬州。

"等会儿你们要去哪里啊？"妙真问道。

狄仁杰抬头看看天色，估摸着约是下午申时，随即又拍拍脑门道："我真是糊涂了，太史局有日晷啊。"

日晷上的刻度，显示着是下午申正过一刻，大约是下午四点十五分的样子。距离日落也不是太久，而唐朝长安城到了日落时各里坊就要闭门宵禁，没有紧急公务夜晚是不能在外面乱走的。

既然没有太多时间可以浪，自然只能回家，狄仁杰答道："时候不早了，各回各家吧，明日要教鹿郎君学骑马，要早些出城呢。"

妙真听了便好奇起来，道："鹿郎君还不会骑马吗？明日你们去何处？我也要去。"

程俊不想让妙真去，说："你去做甚？俺们是练习骑马，练得晚了就在城外庄子里休息了，你去了不方便。"

妙真笑道："无妨，我家在城外也有庄子，再说也不是我一个人，有什么好怕的。"

程俊被堵得没话说，狄仁杰也不好反对，鹿鸣更不会直接反对，于是三人组就莫名其妙地变成了四人组。

妙真又提出一个建议说："去城外有些麻烦，倒不如去乐游原，那边场地足够奔马，又在城内，还可以观景。若是有兴趣，还可去慈恩寺或曲江池游玩，岂不美哉？"

狄仁杰对这个建议很感兴趣，他说："听闻玄奘法师有时会在慈恩寺讲经，不知能否见到他本人。"

程俊对佛经毫无兴趣，但他不愿拂了朋友的兴致，勉强同意改到乐游原练习。而鹿鸣对此毫无概念，自然听从安排。

于是四人约好，明日里坊开门后，便在崇义坊集合，再一同赶去乐游原。

杜博士小课堂

变倍问题

变倍问题，是指两个数量间的倍数关系，因一个或两个数量的改变而发生变化的一类应用题。画图并应用假设思维思考是变倍问题常见的分析方法，关键要厘清量与量之间的关联，并通过紧抓"不变量"进行解题。并且思考的过程中，往往要用到一个这样的规律：A是B的几倍，如B增加或减少了多少，那么A便要增加或减少这个"多少"的几（相同）倍数来保持变化后的A依然是变化后的B的几倍。

故事中，"歌者着红袍，舞者穿黄衫。我在席间听到他们之中两人闲聊，其中一个歌者说'我看到的红袍者人数为黄衫者的2倍'，而另一位舞者却说'不对，我看到的红袍者是黄衫者

的3倍'",显然红袍人数与黄衫人数是不变的,即他们的倍数关系也应是"不变的"。两人所言有异只因他们只顾自己看到的人(忽略了自己),同时两人都是将黄衫人数作为比较的标准(1倍数),所以我们不妨将实际黄衫人数作为标准量去分析。

➤歌者说"红袍者人数为黄衫者的2倍",而"歌者着红袍";所以此描述中,黄衫者人数为实际人数,红袍者人数应再加上说话的歌者自己,即红袍者人数比黄衫者人数的2倍多1人。

➤舞者说"红袍者是黄衫者的3倍",因"舞者穿黄衫",他的描述中黄衫人是不包含自己的,所以实际红袍者是黄衫者少1人的3倍。那么应用上面所提到的规律思考下,不难推出红袍者人数是黄衫者人数的3倍少3人。

"红袍者人数比黄衫者人数的2倍多1人""红袍者人数是黄衫者人数的3倍少3人",有了这两个条件无论是用常见的"差倍问题"的思考方式还是"盈亏问题"的思考方式,都可以从容地求出"1倍数"即黄衫者人数为 (1+3)÷(3-2) =4,那么红袍者人数自然为4×2+1=9。

乐游原之行

　　鹿鸣对乐游原之行十分期待，在白天经历了那些事情之后，他非常渴望自己能克服对骑马的恐惧。如果只有他自己，可能还没有充足的动力，但他的朋友也因此遭受嘲笑，这是他不能容忍的。

　　正是因为这个原因，晚上吃完饭，鹿鸣与狄仁杰闲聊了一阵便早早去睡了，一定要养好精神面对明天的挑战。

　　第二天鹿鸣醒得比较早，天蒙蒙亮便起来做了一套广播体操，休息时才看到狄仁杰出现。两人一同出门吃了早餐，又回来宅中闲坐等待里坊开门。

　　唐朝长安里坊开门时会以敲鼓为号，当鼓声响起没多久，院子里就听到了程俊的大嗓门："俺们到了，狄兄快开门。"

　　程俊和妙真在里坊门外遇到之后就浑身不自在，等狄仁杰开了门，他便急匆匆地进去，嚷嚷道："鹿郎君何在？快走吧，时候不早了。"

　　鹿鸣正在往头上戴平式幞头，这是一种软式便帽，最早可以追溯至汉朝。古代人留有长发，为了便于行动，人们最

初用一块方巾裹头，后来逐渐发展到
幞头的形制。

不过，鹿鸣到底是新手，对于戴
幞头这种有一定技术含量的行为一时
不能很好掌握，四根带子前绕后绕就
是弄不好。程俊站在旁边看着着急，
干脆上手帮鹿鸣捆上带子，却又被随后
而来的妙真一阵嫌弃。

"这扎的什么呀，太难看了。拆
了，我给你弄。"

鹿鸣的头发不够长，拢起来只有
一点，因此很难把幞头撑起来，自然
也就不好看。妙真琢磨了一阵，让狄

唐人幞头

仁杰拿了一些软布条，把软布条撑在幞头里面，这样就不用
依靠发量撑造型，省去了不少工夫。

做完了幞头造型，妙真绕着鹿鸣打量了一番，自得地
说："我的手艺那是没的说，可惜你的头发也太少了，不然何
至于如此麻烦。"

鹿鸣也不知道怎么想起了与头发有关的一句诗词，顺口
念道："白头搔更短，浑欲不胜簪。"

妙真听完大笑，推了鹿鸣一把，笑道："小小年纪老气横
秋，还白头呢？白头少年郎，不知羞！"

狄仁杰倒是体味到了这句诗词中的悲意，拍拍鹿鸣的肩

膀说："别担心，吉人自有天相，一切会好起来的。"

程俊完全无法理解他们的对话到底代表了什么，着急地催促道："弄好了就走吧，等会儿路上人就多了，马车跑不动堵半道上就糟了。"

鹿鸣好奇地问道："哪来的马车？"

妙真邀功似的说："我带来的，你又不会骑马，坐牛车太慢，就用我的马车载你一程。"

"那你呢？"

"当然是骑马了，怎么？你还想跟我共乘？"妙真说完，脸上露出了促狭的微笑。

鹿鸣连忙否认："不敢，不敢，我就随口问问。"

妙真还是不依："不敢？为何不敢？"

狄仁杰连忙过来和稀泥："好了，再谈下去，天都黑了，今日还练不练了？赶紧走吧。"

程俊正觉得无聊，闻言也催促道："到得乐游原，随你们斗嘴去，在这里费这些口舌做甚。"

闲话不说，各人出了院子，鹿鸣发现门外已经备好了三匹马，程俊还是骑那匹赢来的枣红马，狄仁杰的马毛色白黑相间也十分好看，妙真的马却不是上次骑的那匹，而是体形更高大的西域白马。

三匹马之外，还有一辆马车，这辆马车是双轮马车，系两匹驽马，车厢可坐两三人，后面还有一个货斗。马车上已经坐了一位御者，留下的座位足够坐下两个鹿鸣。

鹿鸣坐上马车，发现货斗里还装着一大一小两个竹编箱笼，他也没有毛手毛脚地打开看，毕竟这是别人的东西。

反倒是妙真揭开了谜底，她说："鹿郎君，小的箱笼里有一些零嘴，路上无事你可拿来吃。"

鹿鸣上车之后，其他人上了马，程俊和狄仁杰各带了两名家仆随行，妙真带的人更多一些，除驭者外还有六人。这支小队伍很快离开了崇义坊，自坊东门出，沿道路南行，途中车马还不算多。

一路无事，地势逐渐变高，等他们来到永崇坊，便看到了乐游原。乐游原是一块高地丘陵，主体部分为新昌坊及升平坊。目前乐游原尚没有后世的繁多建筑，要到太平公主时期才会大建宫殿。

乐游原的地势较高，从此处俯瞰长安城，能看到气势恢宏的大唐长安盛景。众人找了一块空地，家仆们动手打扫起来，又从马车货斗的大箱笼里取出帷幕，用帷幕围起一片区域，可以避免被路人窥视。

唐朝时野游，帷幕可以说是标配，一方面可以防止窥视，一方面也是展示身份。妙真携带的帷幕上画有牡丹等诸多花卉，看其画工应是宫廷御用画师所作，笔法细腻，色彩逼真。

帷幕围起的区域内部，也分为几个区块，有主人饮宴的待客区、用来供主客小歇的休息区、仆人们准备餐食的工作区等。

乐游原野餐，大家开心地高谈阔论

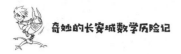

在草席上坐下，喝了几口果汁，众人稍歇片刻便说起闲话。说着说着，不由自主地谈起了昨日李淳风留下的那个谜题，乍一看似乎毫无头绪，其关键点大概就是"位置不相邻的两个数"。

狄仁杰从蜜渍葡萄盘里折了一节葡萄梗，在地上写出了三列数字。

八三一四二

一四六三八

四零一八六

程俊性情比较急，看了一会儿看不出头绪，心思就不在这边了。妙真看着这三列数字不说话，只有狄仁杰还在分析："不相邻的两个数，三列数字里都有的，这也太难了吧？"

鹿鸣提醒道："其实这道题还有一些条件，答案是五个各不相同的数字，而且数字位置也要正确。"

妙真也补充说："也未必是三列数字都有的，这可能是个欺骗性的提示，或者我们理解错了。"

狄仁杰拿出记录题目的纸朗读了一遍，恍然大悟道："确实如此，题中并未明确说他们猜对的数字是相同的，是我理解错了。"

鹿鸣说："三人各猜对了一组不相邻的数字，位置也是正确的，那这个范围就缩小了。"

妙真伸手托住下巴，瞅着数字说："可是即便如此，范围还是很大，我们必须在三列数字里找到一个支点才行。"

一时间帷幕内陷入了沉默，过了好一阵，鹿鸣突然灵机一动："等等，我突然想到，一共有五个数字，而他们三个人想出了三对数字，那么必然有重叠，我这个想法有没有问题？"

妙真眼睛一亮："在'位置不相邻的两个数'这个前提下，你的这个想法没有问题。"

狄仁杰和程俊都还没理解鹿鸣的说法，妙真也折了一节葡萄梗在地上边画边解释道："五个数字，不相邻的只有三对，我们把数字位置标为一到五，那么这三对的位置序号组合分别是一三、二四、三五，对不对？"

狄仁杰和程俊对这个说法理解了，连忙点头："对！"

妙真继续在地上写写画画："假设他们分别猜中了一三、二四、三五，那么其中重叠的那个数字就是三这个位置。"

看着妙真的动作，鹿鸣也回忆起了一个自己曾经学过的数学概念，那个数学概念叫作抽屉原理。

所谓抽屉原理其实很简单，假设有十支铅笔要分给九个小朋友，那么每个小朋友最少能分到一支，而某个小朋友会分到两支。这里的铅笔被称为元素，而小朋友则被视为集合，把 $n+1$ 个元素放入 n 个集合中，必然有一个集合中至少拥有两个元素。

回到眼前的这个谜题，答案只有五个数字，而三个大臣猜到了六个数字，五个数字可以被视为集合，六个数字可以被视为元素，那么其中必然有一个相同的数字才能符合要求。

鹿鸣也不是藏私的人，他很快就向朋友们解释了什么叫抽屉原理，然后联系到这个题目说道："五个数字得到了六个答案，加上'位置不相邻的两个数'这个条件，那么其中必然有一个答案是重复的，我们只需要找到这个重复的数字就能找到解法。"

看到了曙光，程俊顿时卖力多了，他第一个抢答道："三列数字中位置相同且数字相同的只有第一列和第三列的第三个数字！"

狄仁杰也看出来了，只不过他没有和程俊抢答，而是接着说："那么，以'位置不相邻的两个数'为要求，第一列就有两个选择，八一和一二，第三列有两个选择，分别是四一和一六。"

妙真接着说："现在范围已经大大缩小，我们可以按照穷举法来找出真正的答案。"

她把手里的葡萄梗递给鹿鸣说："你来写吧。"

鹿鸣接过葡萄梗，在地上列出了几组数字，同时口中解释道："因为第一列和第三列已经猜到了一三五这三个位置的数字，因此第二列的数字只能是二四这两个位置，也就是四三。那么我们可以得出两组五个数字的组合。"

八四一三六

四四一三二

看到这里，所有人都知道了真正的答案，还是程俊抢答道："是'八四一三六'，第二列数字与'五个各不相同的数字'这个条件冲突了。"

鹿鸣丢掉葡萄梗拍拍手笑道："十三郎你答得很对。"

程俊哈哈一笑，又反应过来，连忙解释道："不对不对，这是俺们共同解答出来的，俺只是做了一点微小的贡献，嘿嘿。"

狄仁杰笑道："的确是够微小的。"

程俊脸上挂不住，两人顿时笑闹起来。

妙真对他们打闹没有兴趣，转头对鹿鸣说："休息得差不多了，你该开始练习骑马了吧？"

看着她一脸等着看笑话的表情，鹿鸣鼓起勇气说："没错，是要好好练练。"

那边打闹的两人一听鹿鸣要开始练习，都声称自己的马可以借给鹿鸣练习，程俊最大声："俺的枣红马是鹿郎君帮着赢来的，相当温驯，若是鹿郎君喜欢，拿去便是。"

鹿鸣正待推让，妙真不耐烦地打断说："君子不夺人所好，你们俩的马都留着吧，我早就准备好了。"

说完，她让家仆引来一匹胭脂马，这马看起来个头不算太高，毛色鲜亮，耳大毛长，眼睛大而温驯。胭脂马一般指焉耆马，乘挽两用皆可，尤其善于游泳，有海马之称，产自西域，胡商所售为多，价格也不便宜。

这匹胭脂马是胭脂色也就是朱红色，是胭脂马中的上品，传说三国时期吕布所骑的赤兔马也是这个品种。

妙真上前接过缰绳，摸着胭脂马的鬃毛，这匹马也颇通人性地回头蹭蹭她的手。她说："此马名火骝，是我初学乘骑时所用，性格温驯通人性，最适合初学之人，今日便送于你，望郎君善待之。"

狄仁杰眼神闪烁没有说话，程俊却没有注意，张嘴就说："咳，你这胭脂马怕是能顶俺那……"

话未说完，程俊便注意到妙真的眼神狠狠地剜过来，连忙闭上嘴，把后面"两匹枣红马的价格"几个字咽下去了。

鹿鸣不懂马的价格，他只觉得妙真这人真是刀子嘴豆腐心，嘴上喊着看笑话，却又早早准备好一切，今天的行程几乎都是她筹划的，连练习用马都准备好了，真是受之有愧。

妙真却不愿推来推去，把缰绳丢进鹿鸣手里，催促道："快去练习吧，勿要让我再看见你坐牛车，牙都笑掉了。"

杜博士小课堂

抽屉原则（原理）

抽屉原则又名"狄利克雷（德国数学家）原则""鸽巢原理""重叠原理"等，主要内容都是从一个最简单的基础假设开始，将$n+1$个苹果放到n个抽屉中，至少存在一个抽屉中有2个或更多的苹果。如将5个苹果放到4个抽屉里，一定有一个抽屉中有2个或更多的苹果。那么，我们不妨让自己回到一个调皮捣蛋的状态，哼！怎么可能？要是我直接放2个苹果在1个抽屉就结束了不是，我就给你来个"最不利"的情况——每个抽屉放1个苹果！可当放了4个苹果在4个抽屉后，发现手中拿着第5个苹果无论放到哪个抽屉，哪个抽屉即完成结论。所以近年的教学中，也有很多时候我们将这个章节叫作"最不利原则"，从命名中就已渗透了解题的方向。构建"最不利"于结论的分配过程，达到极限后手中多出的苹果即是"压死骆驼的最后一根稻草"，何况往往题目中还有足够"压死骆驼后剩余的稻草"……这样便将抽屉原则拓展开来（仅拿出中小学常用的2个结论）。

1. 将$n+k$（$k \geqslant 1$）个苹果放入n抽屉，至少有1个抽屉要放进2个或更多的苹果。

2. 将$mn+k$（$k \geqslant 1$）个苹果放入n抽屉，至少有1个抽屉要放进$m+1$个或更多的苹果。

就我们目前的数学水平来看，抽屉原则是浅显易懂的。但当时光回溯到19世纪，抽屉原则可是解决了当时数学界几个很重要的问题（就如故事第十章中的推理过程，抽屉原则的应用为关键突破口），为数学发展立下了汗马功劳。

逻辑推理

逻辑推理问题是一类看起来最不"数学"的非标准化题型问题，但数学的内核就是计算和逻辑，所以它同时也是最为

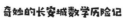

"数学"的问题（加德纳的多元智能中第一个智能即数学逻辑智能）。解答逻辑推理问题，没有公式及固定的方法，一定要厘清条件中各部分之间的关系，进行分析、推理、假设、排除等逐步归纳并找出正确答案。对于较为复杂的题目，可采用表格、画图等形式，让条件间"隐藏"的关系可视化，再利用已清晰确定的关系作为突破口，进行矛盾排除或假设排除等尝试，多次进行有序的分析、判断、推理，最终找到答案。

故事中，已知信息只有陛下所说的规则，3位大臣的猜测数即陛下所公布的结果。读完的感觉便是已知信息并不太多啊，而陛下所言无论是规则还是最后肯定的信息，即"五个各不相同的数字""每个人都猜中了位置不相邻的两个数"，这两个信息我们不妨用抽屉原则分析一下，每人2个数，那么3人共计6个数，即6个苹果。将这6个苹果放入5个抽屉（5位数的数位自然只有5位），必至少有1个抽屉（数位）有2个或更多的苹果。也就是一定有1个数位上的数被同时（至少2人）猜中。不妨将大臣猜测的3个数对齐数位写成一列：

83142

14638

40186

不难看出，只有第三列的"1"在一个数位同时出现了2次，即正确答案的百位一定是"1"。再看第二行的数，14638中，中间的6已经注定是错误的猜测，那么要满足"猜中位置不相邻的两个数"便只剩下一种可能，千位的"4"与十位的"3"。这样五位数我们就确定了3位，中间的"413"，再看第一行与第三行的数，中间的"1"是正确的，也要满足"猜中了位置不相邻的两个数"便只能分别对"头尾"或"尾头"了，所以有"84136"与"44132"两个可能的答案。再由"五个各不相同的数字"这个已知条件排除"44132"的可能，便得到了唯一的答案"84136"。

鹿鸣学骑马

鹿鸣是现代人，从小没接触过马。但在场的其他人都是从小就接触马，甚至五六岁就被抱到马上体验过的，对他们来说骑马基本上与现代人骑车差不多。鹿鸣的三个朋友里，以程俊的马术最好，他就是那个在五六岁时就被卢国公抱到马上的家伙，当时他也吓得有点蒙，但现在跟朋友们吹牛当然不会承认。

其实这也并不意外，因为卢国公是武将出身，骑马是必须从小就学会的技能，如果一个将领不会骑马，那等于与战争无缘，更别提功成名就。而对于狄仁杰来说，他的目标是做个文臣，虽然也要学会骑马，但并没有那么高的要求。至于妙真，她是纯粹的个人爱好，由于家庭的缘故，她喜欢马也喜欢骑马，但并不是以此为职业，所以她的骑术比狄仁杰好，却比不过程俊。现在虽然鹿鸣的马术教练有三位，但最卖力的还是程俊程十一郎。

对程俊来说，由于学问不够好，因此常常是跟着其他人的思路走，很少有表现的机会，好不容易等到了可以展现本事的时候，当然最为兴奋。

对骑马这件事，程俊同样也是非常严肃的，他首先警告鹿鸣说："鹿郎君请静听，你不要以为骑马很简单，须知年年有人落马致残致死，其中危险一点不少。"

鹿鸣听了这话收起了速成的打算，应道："十一郎请直言，我一定听从。"

程俊听了这话心里挺美，脸上也露出笑容说："鹿郎君别怕，骑马虽然有危险，但只要注意几点，便可无事。我家大人当初教我骑马时说过，马儿能体会到你的情绪，所以你不可害怕，一旦你怕了，那么马儿就会轻视你，不听从你的命令。这与为将之道颇有同理，如果作为将领的你不能让部下害怕你，你的命令就不会得到贯彻执行。如果你在部下面前流露出对于战争的恐惧，你的部下也不会服从你的命令。"

程俊说的这些可以说是当时武将家族的不传之秘之一，这些在武将家族中口口相传的东西，有时候会非常保密，从不流传在外。这与传统士大夫理解中的兵书并不相同，那些文字是高度总结后的结晶，而这些口口相传的规矩是武将们在实际领兵作战中总结出来的，属于朴素的实践经验。

说完了这些总括性质的东西，程俊继续教学："要注意，不要站在马的后面，马儿胆小，它受到惊吓就会踢人。同样，因为马儿易受惊吓，因此在马上不要做太大的动作，也不要突然大声叫唤，除非你特别熟悉你这匹马。"

妙真的这匹火骝配有双马镫，程俊指着马镫向鹿鸣说道："你看这个马镫，踩上去的时候注意不要把整个脚都塞进去，用前脚掌即可。"

前面说的话鹿鸣都理解，但这个只用前脚掌他就不理解了，他不懂就问："为什么呢？"

程俊一时间也没想到怎么回答，因为当初他爹老程就这么教的，还是狄仁杰在一旁解了围："这有两个原因，一个是马上方便用力，最主要的还是预防落马时脚脱不出来。"

鹿鸣一想确实如此，如果落马时脚卡在马镫里，除非有人帮忙，不然真要被马拖死或踩死。

程俊看鹿鸣理解了这点，于是继续讲道："骑马时，缰绳就是你控制马匹的主要方式，马儿跑起来的时候要放松缰绳，拉紧缰绳就等于让马停下，拉左边缰绳就是左转，右边同理。如果马儿不听你的指挥，你不能惯着它，比如你拉缰绳它不停，你就要更用力地拉，马儿就会知道你生气了。最重要的是，你才是骑手，必须让马听从你的指挥，而不是由着马的性子来。"

接下来程俊给鹿鸣演示了如何上马和下马，其实这两个过程基本相同，只不过顺序相反。上马时，首先要左手拉住缰绳，这一点很重要，右手抓住马鞍，左脚踩在马镫上，然后右手和左脚用力，翻身上马。下马时正好相反，先脱右脚，左脚用力，左手拉住缰绳，右手扳住马鞍，翻身下马。如果是臂力不足的小孩或女性，也可以双手按马鞍。

演示完毕之后，程俊让鹿鸣试着自己上马，妙真却示意

鹿鸣惊恐万状地学骑马

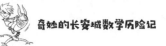

她的家奴来做垫脚石，还说她刚学骑马时都是这样上马的。程俊对此却非常反对，他认为这样是投机取巧，会影响骑手的心性。

鹿鸣也不习惯踩着人的背上马，那样给他一种不把人当人看的感觉，与他从小受到的教育完全违背。因此他心里认同程俊的说法，但也不能明着说妙真不对，他只好自己试着上马。

原以为第一次上马会很难，没想到火骝意外地温驯，鹿鸣尝试了一次就成功上马。骑在马上，不同的视角让人颇有视野开阔的感觉，似乎一下子长高了。

看到鹿鸣上去了，程俊连忙过来接过缰绳，牵着胭脂马缓步遛起来。第一次上马肯定不会飞奔，先遛遛马，让鹿鸣逐渐熟悉马走动起来的节奏。

遛马的速度很慢，又有人牵马，这让鹿鸣觉得很安全，他把手按在马鞍上，打量起四周的环境。乐游原目前还是比较原始的，有大片的荒原，植被不多，也不会遮挡视线，可以看到远处的寺庙和塔楼。

此刻艳阳高照，天清云淡，气候宜人，微风拂面，绿野盈目，有高山丘陵之形，有古城佛寺之景，身在此中，不由得心旷神怡，仿佛整个人都被洗涤一净。

每到此时，鹿鸣脑子里就会蹦出许多不相干的诗词来，比如"海阔凭鱼跃，天高任鸟飞"，或是"向晚意不适，驱车登古原"。前一句尽人皆知，后一句还是晚唐诗人李商隐的名句的前半部分，这句诗的后面就是"夕阳无限好，只是近黄昏"。可见历史老师说鹿鸣不爱学习是不确切的，准确地说，鹿鸣是反感死记硬背的历史学习方式。如果历史课也能这样身临其境，想必不爱学历史的学生会少很多。

马儿慢步走的时候其实和坐马车的感觉比较相似，正适合观赏风景，只不过现在有程俊牵马。如果是单独乘马，就需要注意路况，万一马失前蹄就要迅速拉起缰绳。

妙真骑上她的大白马跟上来，还趁机向鹿鸣灌输她的那一套，比如她认为万一摔下马，首先就要护住脸。她这个观点与程俊不同，程俊那是皮糙肉厚摔打出来的，老程家又不靠脸吃饭。

对于这两位"老师"的分歧，鹿鸣不敢表示意见，只好和狄仁杰聊天，两人也没聊别的，就聊起了蹴鞠，也就是马球。唐朝人喜欢打马球，不管男女都爱此运动，可谓是唐朝的国民运动。

马球于唐初时兴起，主要是因为唐太宗李世民喜爱打马球，因此带动了整个上层社会对此的追捧，从而风靡全国。除了上层带动潮流之外，马球运动本身也非常契合唐朝的开放风气，更兼有展示体魄、智力、性情、马术等多种功能。

据狄仁杰介绍，马球的人数不定，三五七九皆可，双方人数也不一定相同，另需裁判数人。而且马球比赛时间不短，中途可能还需要换马换人，因此这不是一般平民百姓玩得起的运动。

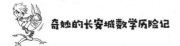

由于马球十分流行，因此王公贵族、达官贵人都有私人的马球场，连官邸衙门也有公家的马球场。至于老百姓玩不起马球也不要紧，他们可以去观战，就好像现代人看足球一样，成了一种新的消遣方式。

鹿鸣和狄仁杰聊马球聊得很投入，程俊和妙真也不再吵架，跟着也加入进来。程俊吹嘘程家有自己的马球队，还在原天策府诸将中排名前列。妙真倒是没有马球队，但她有一帮家奴会打球，而且其中还有一位是从已故蒋忠公屈突通家买来的马球高手。狄仁杰倒是没这么豪阔，狄家在太原也是大族，但在长安属于鞭长莫及，也不敢随便炫富，自然没有这么铺张。

历史足迹

屈突通，今西安人。原为隋朝将领，历仕文帝、炀帝，战功显赫，奉公正直。归唐后即授兵部尚书，封为蒋国公。屈突通为人正直，秉公办事，即便是亲属犯法，也依法制裁，决不包庇宽容。当时他的弟弟屈突盖任长安县令，也以严整而知名。因此民间顺口流传："宁食三斗艾，不见屈突盖。宁服三斗葱，不逢屈突通。"由此可见人们对他们的敬畏心理。

聊到兴奋时，程俊说："明日在万年县有一场马球赛，咱们去看看吧。"

妙真更关心比赛的双方身份，程俊听她这么问，想了想答道："好像是太子殿下的赤羽士，还有英国公李绩家的蓝翎骑。"

　　狄仁杰一听顿时有了兴趣："蓝赤之争乃盛事也，实属难得一见，定要好好看看。"

　　见鹿鸣有些摸不清头绪，妙真便解释道："长安城的马球队都有自己的名号，英国公家的便唤作蓝翎骑，其头冠皆饰以蓝色长翎，与太子殿下的赤羽士并称一时之雄。"

　　鹿鸣听了有些吃惊，他没有想到唐朝竟然已经有了较为专业的马球队，甚至还有自己的名号和标志，显然已经有了专业俱乐部的雏形。如果再联合一帮类似的马球队，组建一个联赛，那与现代俱乐部也没有差别了。

　　太子李治目前还在洛阳，但他家里的马球队不会闲着，因此在有心人的撮合下预定了这场比赛。程俊对马球赛事早就关注着，因此才第一时间得知此消息，据说比赛时还会有突厥使团和回纥使团的人来参观。

　　听到有外国人，妙真就有点不想去，但架不住几位朋友劝说，最终还是决定明天约好一块儿去看马球。

看 戏

　　练习骑马不能急躁，程俊牵马让鹿鸣遛了一圈就下来休息，狄仁杰也跟着坐下来。倒是妙真不愿闲着，继续骑着她的大白马在原野上小跑，她的几个家奴紧张地跟着她，生怕摔了。

　　此时已过午时，诸位家仆开始张罗餐食，由于此时仍在野营，因此以简单的汤面食为主，辅以肉糜和调料。等妙真玩够了回来时，便开始上餐，每人面前一个大海碗，里面装有手揪的不托——面片，再浇上一大勺姜末拌羊肉糜，加少许盐粒和陈醋，咸鲜酸辣，好吃又开胃。

　　众人稀里呼噜吃完，再吃点蜜渍葡萄解味，喝一两杯鲜榨果汁，休息一阵便又开始督促鹿鸣练骑术。

　　这次练习就要有进阶内容了，上午试着遛马熟悉了节奏，接下来就要小跑了。其实真正骑过马的都知道，马儿小跑的时候最颠人，狂奔起来反而没这么颠。

　　总之，鹿鸣很快就开始吃苦头了，一开始他很不习惯，被颠得七上八下，跑了一圈下来感觉屁股都不是自己的了。火骊的马鞍是普通鞍具，两头微微翘起，前面的鞍头还镶着玉把手，表面是一整张水牛皮，看起来高档华贵，但并没有减震功效。

狄仁杰想给鞍具上加点垫料，不过他手头只有一小块白羊毛皮，还是天冷时用来盖腿防寒的，显然不太合适。程俊更不会准备这些玩意儿，最后还是妙真拿出了一块黑白相间的毛皮垫了，说是竹熊皮，还是蜀郡的贡品。

鹿鸣看着眼熟，再仔细一问，发现所谓竹熊原来就是熊猫。真是没有想到，在后世被当作国宝的熊猫，在唐朝竟然还会被做成皮毛贡品，显然是因为它的皮毛黑白相间，显得特别独特，真是无妄之灾。

妙真看鹿鸣犹豫，还以为他没见识，笑道："大惊小怪的，没见过这种皮毛吧？你还不知，我这块还是比较差的，太子殿下有一块形似八卦阴阳鱼的竹熊皮，当初可是千金难求。"

原来李唐当初立国时为了某些目的，认了老子为祖先，老子姓李，是上古道家思想的重要代表人物，因此与太极图中的阴阳鱼形相似的竹熊皮自然也就得到了皇室的青睐，也难怪会价值千金。蜀郡将竹熊皮列为贡品，很有可能有这方面的考量。

数学小天地

太极图源于古人对大自然规律的把握，也源于人们对以二十四节气为特征的时间的把握。而古人掌握经年时间周期的方法很多，如通过北斗模式、太阳位置、日出日落位移等判断时间，但最有效、最准确的方法是圭表测日影。将抬头看太阳变为低头看影子，将时间模式转化为空间模式，既保护了眼睛，又实践出真知，这是中国古人特有的智慧。

按照现代天文学理论来讲，由于地球公转和自转的原因，从地球视角观察，一个回归年不同时间由于太阳高度角的不同，圭表投影的长度有变化，冬至日影长最长，夏至日影长最短，上半年影长由冬至日的最长影逐日变短，下半年由夏至日的最短影逐日变长。这种随时间渐增渐减的函数变化曲线，绘制出来，我们可以找到一个什么样的规律？

《周髀算经》记载的二十四节气影长数据列示如下：

冬至：一丈三尺五寸（13.5 尺）。

小寒：一丈二尺五寸，小分五（12.505 尺）。

大寒：一丈一尺五寸一分，小分四（11.514 尺）。

立春：一丈五寸二分，小分三（10.523 尺）。

雨水：九尺五寸二分，小分二（9.532 尺）。

惊蛰：八尺五寸四分，小分一（8.541 尺）。

春分：七尺五寸五分（7.55 尺）。

清明：六尺五寸五分，小分五（6.555 尺）。

谷雨：五尺五寸六分，小分四（5.564 尺）。

立夏：四尺五寸七分，小分三（4.573 尺）。

小满：三尺五寸八分，小分二（3.582 尺）。

芒种：二尺五寸九分，小分一（2.591 尺）。

夏至：一尺六寸，小分五（1.605 尺）。

小暑：二尺五寸九分，小分一（2.591 尺）。

大暑：三尺五寸八分，小分二（3.582 尺）。

立秋：四尺五寸七分，小分三（4.573 尺）。

处暑：五尺五寸六分，小分四（5.564 尺）。

白露：六尺五寸五分，小分五（6.555 尺）。

秋分：七尺五寸五分（7.55 尺）。

寒露：八尺五寸四分，小分一（8.541 尺）。

霜降：九尺五寸三分，小分二（9.532 尺）。

立冬：一丈五寸二分，小分三（10.523 尺）。

小雪：一丈一尺五寸一分，小分四（11.514 尺）。

大雪：一丈二尺五寸，小分五（12.505 尺）。

依据《周髀算经》二十四节气数据画出的一幅图，与我们的太极图相似：

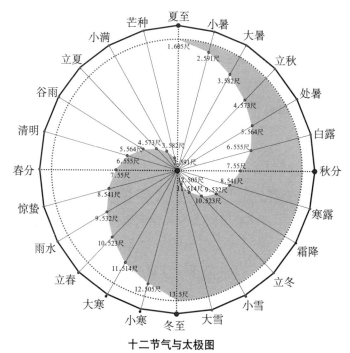

十二节气与太极图

仔细观察这幅图，假如以影长为阴，以无影的线段为阳，就构成一幅循环流动的太极图。每一节气的影长和影长变化曲线，本质上体现的是事物之间的渐变循环规律。

鹿鸣好奇地问道："既然如此，蜀郡有没有上贡竹熊呢？"

妙真答道："前几年曾送来一对竹熊，陛下还挺喜欢的，只是竹熊似乎不适应长安的气候。"鹿鸣听了颇为可惜，想来自己在唐朝是看不到萌萌的熊猫了。

接下来，在程俊和狄仁杰的陪伴下，鹿鸣又跑了几圈，虽然有竹熊皮垫着，但他下马时，屁股已经不能挨地了，腿也酸胀发麻，胯部更是感觉火辣辣的，怕是已经擦破皮了。

程俊对此不以为意，大大咧咧地说："没事，休息两天就好了，若是受不住，寻医士弄点膏药抹一下便是。"

狄仁杰当初也吃过这种亏，安慰鹿鸣说："且放宽心，十一郎虽粗心，但说得也没差，这情况药石效用不大，还得慢慢将养。待你习惯了骑马，自然不会再有此事。"

程俊不服气："俺说的是实话，而且俺也不粗心。"

妙真笑道："待会儿我让家仆回府拿一剂膏药给你，能让你晚上睡得好一点。"

鹿鸣苦笑道："多谢各位，眼下我是不能坐了，不如去别处转转。昨日你们说什么池，还有慈恩寺，想去哪里便去哪里吧，我舍命奉陪。"

妙真说："曲江池太远，眼下你行动不便，就去慈恩寺吧。十一郎不是早就想去那边玩了吗？说不定运气好，还能见到那位途经磨难但是执着如一的玄奘法师呢？"

程俊一脸不乐意："俺才没有，分明是怀英……嗯？你消遣俺？好吧，俺不计较，嘿嘿。"

妙真看程俊不上钩，笑着转向狄仁杰说："怀英想去慈恩寺吗？"

狄仁杰摇摇头说："也不是非见不可，我听说玄奘法师有时会在慈恩寺讲学，听者云集，盛况难得，若能一见，凑个热闹也无不可。"狄仁杰对讲学并无兴趣，只是听闻玄奘法师十九年孜孜不倦地追求理想，他这种执着的精神倒是很激励人，也好奇他本人究竟长啥样。

既然都无异议，众人便收拾东西准备前往慈恩寺，上路时鹿鸣还是坐马车，只不过他屁股不能挨着胡凳，只好抓着车前的横杆迎风而立，此刻穿上古装的他倒显得有几分仙韵。

妙真让车夫放慢速度，其他人都骑马随行，花了不到一刻钟便到了慈恩寺。此时的慈恩寺尚未开始建造大慈恩寺塔——后世的大雁塔——场地倒是已经腾出来了，据说正在筹措工程资金。

历史上，大慈恩寺建于贞观二十二年（648），原址为隋朝无漏寺遗址。

今日的慈恩寺并没有僧众云集的盛况，显然玄奘法师没有开讲。狄仁杰也不失望，因为这里还有唱戏的戏台，这也是吸引民众的手段之一。

唐朝时寺院会专门开辟一处院落，布置戏台，编排戏剧演出，并免费供游人及民众观看，可以满足群众的娱乐需求。

比如，此时常见的戏目之一就是《目连救母》，故事讲述了印度一个叫目连的孩子拯救亡母的事。在中国流传甚广，曾经是无数图画及戏曲的题材。

这个故事将七月十五日盂兰盆会节的解释权抢到手里，盂兰盆会的名称在唐初广为人知便有该戏剧的影响在内。只不过唐中期以后，七月十五日在民众中便多称为中元节了。而实际上，中元节、鬼节、盂兰盆会节都是同一个节日的不同叫法。

只不过今日戏台上演出的不是《目连救母》而是另一出戏《孔雀明王》，鹿鸣等人站在看戏民众外围听了一段，大致上了解到这是一个讲孔雀明王出行野游的故事，戏台上孔雀明王身边伴随着许多孔雀女，排场极大，显得十分华贵。

鹿鸣和程俊对这个故事不太感兴趣，妙真也不喜欢，狄仁杰虽然没看过，但也不好一个人留下来，于是众人又结伴逛起了慈恩寺。

四人一边逛一边聊天，妙真还批评起刚才看过的戏剧："这孔雀明王好不晓事，带着许多女伴招摇，我猜后面多半要出事。"

她猜得倒是一点儿没错，不过在场的人都没看过后面的

剧目，也不会在这个问题上跟她顶牛。

鹿鸣想转移话题，想到了自己以前看过的一部漫画，虽然记得已经不多，但还有一些大概，便拣记得的讲一讲："我以前也看过一个孔雀明王的故事，这个故事是一个小和尚被认为是孔雀明王转世，他的父亲是一个有名的退魔师，但在一次退魔中失踪，从此被寄养在高野山慢慢成长……"

鹿鸣讲的这个故事与原作已经大为不同，不过狄仁杰、妙真和程俊都没感觉出什么不妥，反而被这个故事所吸引。他们逛寺庙的兴趣顿时消失，拉着鹿鸣找了个阴凉地，催促他多讲讲。

鹿鸣记得的内容不多，接下来只能自行发挥，胡编乱造下去，竟然也能让其他三人听得津津有味。特别是那些很有"中二"气息的战斗宣言之类的东西，让程俊沉迷其中，他情不自禁地站起来比手画脚，嘴里嚷着："神恩如海，神威如岳。"

他的胡乱举动，不小心撞到在一边悄悄旁听的两位年轻僧人的胳膊。发现自己撞人后，程俊连忙道歉。鹿鸣也赶紧停下，毕竟当着陌生人的面瞎编乱造多少有点儿不像话。

两位年轻僧人都不介意，看到鹿鸣停下，其中一个面目俊秀的和尚还出言问道："怎么不说了？……继续讲吧，很有趣。"

另一个长相平凡的和尚却有些不安，说道："我们出来久了，师父会担心的，还是赶紧回去吧。"

长相俊秀的和尚却不以为意地笑道："你也忒胆小，师父性格和善，今日也无甚要事，整理昨日口述的《西域记》也要不了多久，便再听一阵吧？"

狄仁杰注意到了他们提到的《西域记》，忍不住问道："两位提到的《西域记》可是玄奘法师口述的那部尚在编写的大作吗？"

俊秀和尚答道："正是，师父口述，我等记录并整理再交给师父审阅，这部书是师父奉皇命所作，记录西域诸多风情，确是一部大作。你怎的知道？"

狄仁杰起身行礼道："家中长辈曾提到此事，因此记在心中。"

两位和尚见狄仁杰彬彬有礼，便肃穆回礼，并做自我介绍，那位长相平凡的和尚自称慧立，俊秀和尚则自称辩机。

鹿鸣听到辩机这称号，回想起去年看过的一部电视剧，不禁微微吃惊，转头去看妙真，想知道她对高阳公主与辩机的故事是不是有所了解。妙真注意到了这一点，奇怪地问道："你瞧我做甚？"

现在不是说这个的时候，鹿鸣只好搪塞道："等会儿问你件事儿。"

妙真不解，摇头道："奇怪的家伙。"

两位年轻和尚得知妙真想见一见声名在外的玄奘法师，便邀请她前往玄奘法师的住处，于是鹿鸣、狄仁杰和程俊也不得不陪着前去。

第十三章

恼人的登塔问题

玄奘法师居住之处位于大慈恩寺偏僻的东北角，是一座两层小楼，一楼有待客室，二楼是起居及工作学习的地方。这座小楼位于整座慈恩寺的高点，东北方向可以看到乐游原，西南可看到大雄宝殿的屋顶。

眼下正是午后时分，还不到做晚课的时间，玄奘法师正在二楼斗室内读书，听到楼下有人呼唤，便从二楼栏杆处伸头去看。见到辩机与慧立带着几位俗世人站在楼下，便让他们稍待。

待玄奘法师下楼与他们相见，鹿鸣见到了与电视剧中完全不同的大和尚。这位玄奘法师圆脸大耳，慈眉善目，身体健壮，皮肤呈健康的古铜色，脸上有许多皱纹，显然是十九年远行风霜带来的。

当着玄奘法师的面，辩机与慧立不再称呼师父，而是非常正式的"住持"。因为玄奘法师是官方任命的大慈恩寺住持，所以在外人面前都被称为住持而非更私密的"师父"。

大家礼貌地与玄奘法师见礼，然后好奇地询问西行路上发生的事。这些经历在《西域记》尚未成书的时候，还是件新鲜事，自然引起了孩子们的好奇心。

要说玄奘法师最感激的国王是谁，恐怕高昌国王麴文泰会排到第一，当初玄奘请求西行不被允许，自己私自出逃，昼伏夜出来到高昌，受到了麴文泰的热情接待，顿时感觉宾至如归。

高昌国王麴文泰对待玄奘可谓有求必应，临走时这位国王也非常慷慨，奉送了四季僧衣、百两黄金、三万两白银和几百匹绸缎，同时还给西突厥王写了亲笔信请求照顾玄奘，又派出几十人马的小队充当向导和随从，替玄奘处理俗事。不但如此，麴文泰还和玄奘结为兄弟，这一点后来被借用到了《西游记》中，只不过麴文泰的角色变成了唐太宗。

玄奘当时对麴文泰十分感激，为了报答这位国王，他曾亲自登上当地最高的塔为国王祈福。这段经历后来也被收入《西游记》，就是唐僧和悟空登塔扫塔的那一段。

说话间，有一位小沙弥前来为客人奉茶，这位小沙弥年龄六七岁，长相圆嘟嘟的十分可爱，说话又着意学那些成熟大人样，尤其让人觉得有趣。

玄奘介绍说这是他目前最小的弟子，法号慧元，小沙弥向诸人行礼后便坐在一边认真听着。

鹿鸣看着小沙弥十分可爱，便想逗逗他，轻声唤他："慧元？"

这个称号喊出来却让鹿鸣想到了汇源果汁，那边小沙弥转过头迷惑地看着鹿鸣问道："这位施主有何事？"

鹿鸣笑道："刚才师父夸你聪明，我想考考你，你可敢应答？"

慧元年纪虽小志气却不小，骄傲地挺起胸说："施主你问吧，我不怕。"

刚才玄奘法师说起登塔，鹿鸣就顺便出了一道与登塔有关的题目，他说："刚才法师说到登塔，我这个问题便与登塔有关。话说你这两位师兄同时登塔，其中辩机来到第三层时，慧立已经到了第四层，那么问题来了，当慧立登顶第七层时，辩机在第几层？"

慧元算来算去都觉得不对，只好伸出手指一二三四地比画着，又发现一只手不够用，只好两只手都举起来比画，锃亮的脑门上也渗出了汗珠。

算到最后已经有点儿糊涂了，慧元又发现大家都在看他，情急之下答道："辩机师兄应该在第六层。"

鹿鸣问道："为什么呢？"

慧元歪着脑袋有些心虚地答道："嗯，因为慧立师兄比辩机师兄高一层，所以……呜，好像不对。"

看着慧元抱着脑袋快要哭出来的样子，程俊跑出来打抱不平："鹿郎君何必欺负小孩子，这题俺来替他答，应该是第五层。"

鹿鸣本来就是逗逗慧元，看程俊跳出来也就不问了，但慧元还是想搞清楚为什么是第五层，于是又扯住程俊追问。

程俊得意地解释道:"这里有一个陷阱,两人登塔时,第一层是不计数的。因此慧立爬了三层到第四层,爬了六层到第七层,六层正好是三层的两倍。那么,辩机爬了两层到第三层,两倍的时间只能爬四层到第五层,这就是答案。"

慧元钦佩地看着程俊,由衷地称赞道:"真厉害。"

被人这么一夸,程俊更得意了,故作谦虚地说:"没有没有……俺也就是一般。"

妙真看不过程俊嘚瑟的样子,故意说:"既然你这么厉害,那我也给你出个题。还是个与登塔有关的题目,从塔底到塔顶,共有99级台阶,十一郎你每步能上一级或两级,不考虑左右脚的情况下,从塔底到塔顶,共有多少种不同步伐的可能性?"

这个问题对于程俊的难度,大概和鹿鸣出的题对于慧元的难度差不多,程俊一开始还能比画一下,后面的可能性大增之后,他就算不过来了。

看到程俊窘迫的样子,狄仁杰虽然也解不出来,但他知道找谁:"鹿郎君,你就帮帮十一郎吧。"

妙真并不反对,她只是给程俊添堵,并不是一定要他出丑。鹿鸣也不客气,笑着说:"好,我来试着解一解。"

鹿鸣蘸着茶水在案几上比画,口中解释道:"在解题之前我们要先审题,这个题目讲到了99级台阶,这个数已然不小,其变化肯定很多,所以硬推出来是不现实的,需要先找到其中的规律才好解答。"

这个开宗明义的解释，让在场许多懂行的人暗暗点头，妙真也颇为欣赏这种思维。

"不过在寻找到规律之前，我们还是要从最简单的地方着手，硬推几级台阶，看看数字的变化有没有规律可循。"说完，鹿鸣在桌上画了两列表格，第一列是台阶数，第二列是可能性的数字。

"当只有一级台阶时，可能性自然只有一个；两级台阶时，可以一步走完，也可以分两步走，就是两种；三级台阶时，因为十一郎不能一步三个台阶，因此我们可以将其分解为两级台阶加一级台阶，前面已经分别算过，因此合并计算可得出有三种可能性。如果是四级台阶，那么可以是三级台阶加一步，也可以是二级台阶加一步，于是我们可以将三级台阶的可能性与二级台阶的可能性相加得到结论，那就是五种。"

程俊也不傻，根据鹿鸣的提示，他似乎找到了规律，抢答道："这么说，如果是五级台阶，也可以分成三级和四级的组合，那就是八种？"

鹿鸣笑道："不错，你找规律还是很快的，我们把这些数字填到表格里。"

台阶数	1	2	3	4	5	6	7	8
可能性	1	2	3	5	8	13	21	34

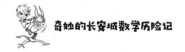

列成表格之后这个规律连狄仁杰也看出来了："好像后一级的可能性是前两级的可能性之和？"

鹿鸣肯定了他的猜测："没错，以此类推，我们就能根据这个规律，得到任意一级台阶具有多少可能性。"

其实这个数列就是斐波那契数列的变形，斐波那契数列的发现者是意大利比萨的数学家莱昂纳多·斐波那契，他生于1170年，贞观十九年（645）时他还未出生，鹿鸣自然无法解释这个数列的来历，只能寥寥几笔带过。

既然找到了规律，那么推算出99级台阶有多少种可能性就变成了机械计算，妙真自然不再追问具体的数字，这题也就算解答出来了。

玄奘法师旁观之余也发现这些少男少女年纪不大，却对算学十分精通，他想到了一个西行时有趣的故事，打算与这些孩子分享。

"不知道你们有没有听说过吠陀寺谜题？"

玄奘的话引起了大家的兴趣，狄仁杰礼貌地答道："吾等不知，还请住持解惑。"

玄奘笑道："那是我西行至那烂陀寺之前听到的一段故事，吠陀寺是婆罗门教的圣堂，婆罗门教的创世神梵天在创世之时于吠陀寺留下了三根宝石针，其中一根针从上到下、从小到大地穿有64个金环，梵天命令僧侣们把这些金环按照从上到下、从小到大的顺序移动到另一根宝石针上，同时规定每次只能移动一个金环，且大环不允许放在小环之上，从此之后吠陀寺的僧侣们便一刻不歇地搬动着这些金环。这个传说故事的结局是这样的，当所有的金环被搬到另一根宝石针上时，整个世界都将被霹雳所毁灭。"

众人被这个结局吓了一跳，纷纷讨论起来，有人说这个故事不切实际，有人说如果是真的就太可怕了。鹿鸣和妙真倒是对这个传说的具体时限提起了兴趣，但鹿鸣隐约间似乎记得他在某本儿童杂志上看到过类似的故事，好像叫作汉诺塔问题。

而鹿鸣所不知道的是，汉诺塔问题是法国科学家爱德华·卢卡斯编写的一个印度古老传说，内容大同小异，区别大概就是搬动的东西，有的是金盘，有的是金环，有的是方块，总之都是大小不同的物体。很有可能爱德华·卢卡斯也是从印度当地传说中取材，从而编写出这个故事的。

那么，鹿鸣他们能不能算出这个传说故事的时限呢？

杜博士小课堂

间隔问题

间隔，是指两个类似的事物之间的空间或时间的距离。如站队时两个人之间的间距，植树时两棵树之间的距离，甚至生病吃药时，两次吃药时刻之间的时间等都属于我们这类题目中间隔的范畴。广义地讲，两点间的链接，即我们要研究的间隔。在应用题中，时而研究这链接的长度，如时间、距离；时

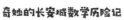

而研究链接的个数，我们称之为间隔数（常见的段数），进而探讨它们与点的数量关系便延伸出我们常见的植树、敲钟、锯木头、爬楼等题型。

课外教学中，有说植树问题属于典型的间隔问题，也有说间隔问题属于典型的植树问题。请同学们无须在意，实则这些问题的本质是统一的，都是研究点数与点点间线段关系的问题，仅仅是对于知识的概括与归类所产生的自然结果，名称只为帮助同学们将抽象的内容做具象化理解记忆。甚至与广义的理解等差数列中除求和外的所有内容，无论是公差、项数还是首项末项的求解都可以等同理解为间隔问题。

故事中，便为间隔（植树）问题常见的爬楼类型题目。间隔即为楼层与楼层之间，解题关键自然在于抓住所爬楼层（路程）与爬楼时间之间的关系。

"两位师兄同时登塔，其中辩机来到第三层时，慧立已经到了第四层，那么问题来了，当慧立登顶第七层时，辩机在第几层？"

通过读题，我们应找到"隐藏条件"，辩机爬楼两层（来到第三层）与慧立爬楼三层（到了第四层）时间相等，而问题也需要转化为：慧立爬楼六层时，辩机爬楼几层？这样是不是就容易多了呢？慧立速度不变爬六层楼自然是爬三层楼两倍的时间了，那同理辩机速度不变的情况下，在爬楼两层的两倍时间里自然会爬楼四层，即来到第五层。

所以间隔问题，要点与秘诀就是仔细耐心地思考两点间的间隔到底代表些什么，以此为突破口必然能正确解题。好了，理解后再来个小小的测试，一定要快速回答。

➤从10开始，到20结束有几个自然数？

➤10～20中间夹着多少个自然数？

➤从10开始的自然数列，第10个数是多少？

狄陀寺谜题

听到鹿鸣和妙真要计算狄陀寺谜题的时间长度，其他人都颇有兴趣，连慧元都顶着锃亮的脑门挤进来。不过对于如何着手进行计算，众人还是有一些分歧。

程俊的想法比较简单，还是弄几个铜板先试试，看看实际操作起来是什么情况。妙真觉得这办法太麻烦，倒不如直接推导。鹿鸣还是与算99级台阶时的想法一样，认为64个大小不同的金环真正搬动起来，步骤肯定非常多，绝不是能轻易推断出来的，得先找到规律。

看到有"各自为政"的苗头，狄仁杰连忙出来协调："我觉得我们应该首先确定一些基本原则，然后才好在这个基础上展开计算。"

鹿鸣赞同道："没错，我们应该达成一个共识，比如僧侣们搬动金环的速度。"鹿鸣本想直接设定搬动一次花费一秒，但想想唐朝那时好像没有秒的概念，只能硬生生停住。

狄仁杰认同鹿鸣的想法，进一步解释道："我认为这个搬动金环的时间应该尽可能短，这样我们计算的量会小一些，但整体比例是不变的。"

程俊听了感到很为难："最短的时间，那都很不准啊，一刻算是比较短的单位了，但也很大。"

妙真想到了道观里用的漏刻，拍手笑道："可以用漏刻计时，观里的漏刻只有三级，我还见过四、五级的漏刻，最下面的万分池可以计算一昼夜的6000分的时间。"

经妙真提醒，其他人也想到了这种计时工具。漏刻也称为漏壶，最早出现在秦汉时期，最初就是两个壶，其中一壶在高处，往低处的壶中漏水来计时，相当不准确。后来经过几代人的优化，设置了多级漏水，让计时的水滴更加平稳均匀，这才能逐渐推广，但用得起的人也不多。

鹿鸣心算了一下，一昼夜的六千分之一，大约是14秒多一点，勉强能用。不过妙真很快又给了一个惊喜，她说："6000分其实还是长了，我们可以按滴数来算，一分大约15滴。"

鹿鸣一听，这一滴不就是大约一秒钟吗？正好！

讨论之后，大家一致同意，以漏刻一滴的时间长度来作为僧侣们搬动金环需要的时间，再以此为基础来计算总的时长。

确定了基础共识，接下来就要开始寻找规律了。

程俊拿着几枚铜钱在掌心里颠着，嘴上说道："那俺先来献丑了，按照鹿郎君的办法，先从一个金环算起。一个

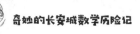

金环只需一步，两个金环需要三步，三个金环需要七步。对吧？"

算到这里连程俊也感觉到不对了，一时看不出什么规律。写成表格如下：

1	2	3	4	5	6	7
1	3	7	15	31	63	127

到七个金环时搬动步骤就已经非常烦琐，算到这里程俊已经算不下去了。鹿鸣思索着说："那么，这就说明我们选择的这个方法不对，得换个思路。"

妙真想到了一个思路，她拿起两枚铜钱，分别做上记号，然后说道："假如我们把金环标上数字，那么搬动两个金环时，其中一个要搬动两次，另一个只需要一次，是否可以将算式记为2+1？"

妙真的计数法给鹿鸣提了醒，他灵光一闪，接着妙真的算式边写边说："再拆分一下，我们把两个金环的步骤写为$1 \times 2 + 1$，也就是代表着一个金环搬动了两次，另一个金环搬动一次，这样理解吗？"

看到其他人都表示理解，鹿鸣继续说道："我们可以把1视为2−1，那么代入刚才那个算式，即可得出这个式子。"

鹿鸣在桌面上写下：

$$1 \times 2 + 2 - 1 = (1 + 1) \times 2 - 1 = 2^2 - 1$$

"那么，当金环数为三时，先视为没有第三个金环，则至少需要2^2-1次将第一和第二个金环叠在非目标宝石针上。接着将第三个金环放入目标宝石针，此后就不必再移动第三个金环。此时需要将第一和第二个金环移动到目标宝石针上，即重复只有两个金环时的步骤，也就是还需要2^2-1次。算上移动第三个金环的那一次，再将1视为$2-1$，即可得出以下算式。"

$$(2^2-1) \times 2 + 2 - 1 = (2^2-1+1) \times 2 - 1 = 2^2 \times 2 - 1 = 2^3 - 1$$

算到这里，基本上已经指出了总体思路，狄仁杰也兴奋地插进来说道："我懂了！每次增加一个金环，就等于重复两次前一轮的步骤再加一步！"

狄仁杰的说法只是推测，为了验证他的说法，妙真亲自计算了四个金环和五个金环时的算式，结果证明了这一点。

鹿鸣总结道："假如我们将金环的数目从1号排起，一直排到n号，那么可以得出这样一个算式。"

$$2^n - 1$$

吠陀寺的宝石针上有64个金环，那么这个算式应该是：

$$2^{64} - 1$$

对于计算手段比较原始的唐朝来说，计算这样大的数字是不切实际的，因此鹿鸣他们也只能做到这一步了，对他们来说知道这是个非常大的数字便已经足够。

实际上，我们可以用科学计算器来计算这个数字到底有多大，如果按照僧侣们搬动一个金环需要一秒钟来算，那么这些僧侣把64个金环搬完需要5849亿年，而地球形成至今也不过46亿年。这个巨大的数字与64个金环比起来差距如此之大，似乎特别不可思议，但这正是数学的魅力。

虽然没有得出具体的答案，但少年们都觉得自己办了一件大事，心里充满了自豪感。看到天色将晚，他们拜别了玄奘法师与他的几个徒弟，准备启程回家。

鹿鸣感觉今日过得十分充实，到现在他的腿还酸疼着呢，今天晚上怕是不好过了。妙真还记着这事，吩咐家仆骑快马回去拿膏药来。程俊和狄仁杰讨论着明天看马球的安排，而且要先去国子监点卯，再不去怕是夫子们要打小报告了，为了屁股不遭殃，明天必须先去国子监。

于是四人说好，明天狄仁杰和程俊先去国子监应付半天，再趁机出来会合。反正马球是下午开赛，上午就随便打发了。再说鹿鸣的腿，明天怕是好不了，上午正好多休息。

四人在崇义坊分开，程俊回西城怀德坊，妙真回务本坊，鹿鸣和狄仁杰还是回崇义坊。临走时妙真家仆拿来了药膏，妙真临场手写了一份注意事项，交给狄仁杰，说："怀英细心，这贴药你拿着，晚上督促鹿郎君用药。"

狄仁杰答道："坤道大可放心。"

坤道就是女道士，这个称呼有点疏远，但也属正常。狄仁杰毕竟是打算走文官路线的读书人，家族也有一定的助力，对皇家与勋贵自然不会过于巴结。他与程俊是性情相合，不然勋贵子弟并不属于他的原定密友范围。

回到宅邸之后，狄仁杰先安排饭食，吃罢晚饭之后稍息片刻就来督促鹿鸣涂药。鹿鸣脸皮薄，不肯当着狄仁杰的面脱裤子，狄仁杰只好回后堂去，声明过一阵再来问问，以免鹿鸣忘记了。

鹿鸣肯定不会忘，他现在还觉得腿疼呢，把门窗关好，点起烛火，这才褪了衣裤开始擦药。

妙真给的药膏装在一个木盒里，通体黑色带着中药香，闻起来似乎有麝香和桂花的味道。他大腿内侧因为反复与马鞍摩擦已经有些许破皮，按照妙真写的纸片上所说，药膏可以直接涂在破皮处，只是需要先清洁皮肤。

鹿鸣拿事先准备好的温水和布巾随便洗了洗，然后伸出手指从木盒里挑出一块黑色药膏往腿上抹，抹上去就感觉到一片清凉，药膏里似乎还加了冰片。抹完药盖上木盒，鹿鸣等药膏稍微干了一点再提上裤子，系好腰带，侧躺在床上休息。

过了半个时辰，狄仁杰读完了一篇文章，又过来查看情况。鹿鸣向他展示了已经用过一部分的木盒，狄仁杰这才放心地离去。

当夜，鹿鸣果然没睡好，屁股疼无法仰躺，再加上两条腿酸痛，大腿内侧的破皮处倒是算不上大麻烦。想想古代人

鹿鸣骑马腿受伤，晚上独自在房内细心敷药

学骑马真是不容易，胡思乱想中鹿鸣不知不觉睡着了。

递推法（递归）

递推方法其实是从认识数量开始便自然存在于脑中的，如认识了1、2、3、4、5、6、7、8、9、10，并理解这列数从第二个开始每个数都比前一个数大1，即数列中任一位置的数加上1便是下一个数，这样我们自然可以接着10写下去11、12、13……这便是最简单的递推。而再往大说一点，如果一个数列中的任一项可以由它前面的几项（1项、2项甚至多项）经过验算或其他方法表示出来，我们就称相邻项间有递归关系，并称该数列为递归数列。而寻求这个关系来解决问题的方法，我们就称为递推方法。小学阶段甚至更远些的学习阶段，我们最为简单、有效且常用的方法就是"退"，"退"到问题最简单的情况（多为问题的开始）进行观察、归纳、演绎最终算出目标问题的答案。

故事中我们就有两个非常好的例子，如："从塔底到塔顶，共有99级台阶，十一郎你每步能上一级或两级，不考虑左右脚的情况下，从塔底到塔顶，共有多少种不同步伐的可能性？"理解了题意，我们不难找到思路，从99级台阶"退"下来，99级一定是从98级台阶或97级台阶一步走上来的（从97级走1级再上1级的方法也是98级走1级一步走上）；98级台阶是97级或96级台阶一步走上的；97级台阶是96级或95级台阶一步走上的……不难得出，"退"到最简单的情况便是登台阶的开始，所以应从1级台阶开始递推。

1级台阶仅能从开始走一步上来，仅1种可能；

2级台阶除从开始一步上两级来到，也可以从1级台阶一步上来，即1+1=2种可能；

3级台阶我们知道是从1级或2级台阶一步上来的，即1+2=3种可能；

4级台阶我们知道是从2级或3级台阶一步上来的，即2+3=5种可能；

……（以此类推，我们可以找到任意级台阶的答案）

（注：斐波那契数列公式推导为高等数学范畴，大学前并不涉猎。）

理解了本题的思维方式，不难得出破解移动金环的方法也在一个"退"字上，退到最简单的状态：

只有1个环，移动1次就好；

只有2个环，先要移开1个环，再将最大的2号环移动到目标位置，发现此时剩下的步骤就相当于移动1个环的步骤了（相当于移动了2次1个环及单独移动1次2号环）；

只有3个环，先要移开2个环，再将最大的3号环移动到目标位置，发现此时剩下的步骤就相当于移动2个环的步骤了（相当于移动了2次2个环及单独移动1次3号环）。

以此类推，我们很容易得到移动的方法及移动次数的计算。

第十五章

消遣游戏

第二天天刚亮，狄仁杰就出门上学去了，他和程俊约好在国子监门口碰头。鹿鸣无事，再加上他还需要休养身体，就打算晚一点起床。

可有人不这么想。他感觉送走狄仁杰之后刚合眼没多久，就隐约听到有人喊门。狄家的人去开了门，接着就有人敲鹿鸣的房门了。

"鹿郎君在否？莫不是还没起？"

鹿鸣被吵醒了，挣扎着爬起来，感觉到下半身酸痛得厉害，连带脑子也不太清醒，听声音好像是妙真，也不知道这丫头这么早来做什么。

似乎听到了屋里的动静，门外安静下来。鹿鸣起床之后先糊弄着洗了脸，又漱了口，这才把外衣穿上，慢慢挪过去开了门。

打开木门，鹿鸣被外面的光线弄得有点儿晃眼，伸手遮阳看看天色，估摸着才上午九点。他看看院子，果然是妙真来了，她坐在自己带来的胡凳上，手里拿着一根马鞭敲打着手心，有两个壮仆站在后面。

"看起来鹿郎君似乎好些了？"

鹿鸣苦笑，他站着的时候看不出来，一动就知道不妥了。果不其然，妙真看到鹿鸣走路仿佛大鹅，顿时笑出声："哈哈哈，不至于此吧？真这么难受？"

看到鹿鸣苦着脸，萎靡不振的样子，妙真站起来说："好了，别勉强，来坐着吧。哦，我忘了，你坐不了。"说完还做个鬼脸。

鹿鸣难受得很，不想跟她打嘴仗，有些绝望地问道："我是不是快死了？我感觉两条腿都不是我的了，听说有些人找医师看病，没治好还把命送了，有这回事吗？"

妙真看鹿鸣似乎真的有点崩溃的前兆，也不敢再胡说八道，连忙规劝道："你不要胡思乱想，你这个情况是比较严重，但可能是因为你的体质比较差，以前没有接触过，慢慢会好起来的。"

鹿鸣毕竟还是个十来岁的孩子，孤身一人身处古代，又没有亲人陪伴，心里还藏着事儿，身体再受到病痛折磨，会觉得烦躁且胡思乱想也是正常的。而且他这个状态真的挺难受，坐不能坐，站也不能站，走路更难，心情哪里能好起来。

说起来他这个症状确实比较严重，程俊、狄仁杰和妙真都是见过类似情况的，甚至他们自己也经历过这个阶段，但没人像鹿鸣这样严重，他们也不知道这是为什么。当然，鹿鸣自己也说不清，也许是因为现代人的体质不如古代人吧。从活动量上来说，长期玩手机和电脑，上学也是长时间坐着，在应对高强度运动时反应大一些也属正常。

看到鹿鸣这么难受，妙真不再拿他开玩笑，转而问道："还没吃朝食吧？窦三儿！"

两个壮仆中那个更灵活一点的应声出来候着，妙真指着他对鹿鸣说："你想吃什么，告诉窦三儿，让三儿去买。别跟我客气。"

唐朝人管早餐叫朝食，其实这个说法从春秋战国时期就有了，比如出自《左传·成公二年》的"灭此朝食"，直译就是消灭了敌人再吃早饭，意思是消灭敌人要不了多久，连吃早饭都不会耽误。

鹿鸣现在其实没啥胃口，但不吃等会儿饿了就更麻烦，所以他也不再客气，直言要一些胡饼。胡饼可以拿在手里站着吃，要是不托之类的面食要托着大碗就太累了，放在桌上还得坐着，他现在又没法坐，吃着更难受。

因为鹿鸣不是唐朝人，所以不知道有一种吃法是，几个仆人每人端着一个碗，主人拿着筷子想吃什么吃什么，吃多吃少随意，不想吃了就撂筷子，啥都不用管。当然，这种吃法是会被人鄙视的，可他不知道啊。

另一个壮仆叫窦五，他想了一个办法，用结实的绸带做了一个类似婴儿背带的东西，吊在树干上，受力点在腋下和腿弯，不会影响屁股和大腿。有了这个东西，鹿鸣总算可以不用长期"罚站"了。

窦三儿很快回来了，鹿鸣边吃着热乎的胡饼，边问："你来得也太早了，不是说下午才开始打马球吗？"

在古代一边吃饭一边说话是不太礼貌的，不过妙真不在乎这个，笑眯眯地答道："左右无事，待在观里也闷得很，老坤道都爱唠叨，我不喜欢。"

鹿鸣默然，想想也是，一个小女孩和一群没有血缘关系的老人待在一起，肯定是没有共同语言的。

"那你家里……唉，当我没说。"

这个问题刚说出口，鹿鸣就觉得说错话了，因为妙真明显不想回答，而且故意把头扭开。

气氛变得有点沉闷，鹿鸣吃完了胡饼，把掉在衣襟上的几颗芝麻捡来吃了，被妙真瞧见了，她不禁打趣道："你也不嫌脏。"

鹿鸣没直接回答这个问题："芝麻挺香的。"

"再来一个？"

"不了，我想想中午吃什么。"

"刚吃完朝食就想这个？"

"不然呢？"

妙真哑然，说鹿鸣是猪吧，有点过分了，但这家伙真的挺贪吃的。但她来这里可不是陪着想吃的，而是来消磨时间的，当即说道："别想了，来下棋吧，到午时还早呢。"

鹿鸣不太想下棋，问道："下什么棋？"

妙真让家仆拿出棋盘，鹿鸣一看果然是围棋，连忙婉拒："这是什么？我不会啊。"

妙真有些不高兴，鼓着嘴皱着眉，说道："博弈你也不会？该不会是骗我吧？"

鹿鸣想着她不过是要消磨时间，便说："我家乡那边有一种新游戏，我给你说说。"接着，鹿鸣把三国杀的大概玩法跟妙真说了，这个新奇的玩意儿引起了妙真的极大兴趣，当听说需要一些硬纸的时候，她毫不犹豫地让窦三去拿了一沓桑皮纸。

这种桑皮纸一般用于书籍封面、官府书册和书画装裱，原料里有桑树皮，纸面挺括，属于比较贵的纸品。

鹿鸣让窦三把桑皮纸裁成纸牌大小，然后口述内容。妙真亲自执笔，在裁好的纸牌上写内容。三国杀有两种牌，分别是人物卡和道具卡，只不过现在没条件分开，都用一样的桑皮纸，只是在背面做不同的记号区分。

做牌花了一个时辰，玩起来的时候人手不够，妙真便把窦三和窦五都喊上，一起跟着鹿鸣学玩法。学会了玩法又试着开了一局，碰巧鹿鸣抽到了内奸，于是把妙真这个主公"坑死"了。虽然被"坑死"了，妙真反而来了兴致，玩得兴高采烈不说还把旁观的狄黄也拉下水。程俊和狄仁杰从国子监溜号回来，喊大家去看马球的时候，她还不想走，非要打完这一局。

在场的除了刚到家的狄仁杰和程俊，其他人就算是旁观

众人玩三国杀，不亦乐乎

也基本看懂了玩法。这次是窦三拿到了主公牌，他现在还剩一点血，急着找窦五要桃，结果窦五是个内奸，反而拿出了杀牌，多亏忠臣鹿鸣和狄黄舍身抵挡又给主公送牌，最后却被反贼妙真捡了便宜。得到胜利之后，妙真还想再玩，程俊和狄仁杰看不懂自然没兴趣，连连催促，她只好暂且放下，约定看完马球再战。

一边收拾纸牌，几位玩家还在一边聊着刚才的对局，狄黄虽然只玩了两局但也觉得这个游戏有点意思。

窦三还在奚落窦五："你小子貌似忠厚，没想到这么阴险，嘴里嚷着'俺是忠臣'，转头就下刀子。"

窦五憨笑着没有辩解，妙真却夸他演得好。那边狄黄与鹿鸣都是忠臣，互相吹捧，生疏感倒是消散了不少。

收拾完了，妙真主动要保管，还特意拿出一个玉盒装这些纸片。程俊暗自嘀咕，这些破纸片有啥好玩的，却不知第二天他就会把这些话吞回去。

这次出行，鹿鸣依然站在马车上，其他人骑马。小队伍直奔万年县衙门，万年县在南边的永宁坊开了一个马球场，等他们到的时候，赤羽士与蓝翎骑两支队伍都到了，正在骑马熟悉场地。

唐朝的马球场与现代的体育场馆不同，基本上就是一大片平整过的黄土地，中间围起来一块用作玩马球，四周的空地则分成一块块的，各自有观众扎堆。这些观众有富贵人士也有平民百姓，富贵人士自带帷幕和胡凳，甚至还有自备望台的；平民百姓通常就空手来站着看，一边看一边叫好，看完回家津津乐道。

只要是人多的地方必然有小贩出没，这马球场也一样，观众席外面有背着或者抱着木箱的小贩，叫卖的多是小吃零食饮料，也有卖遮阳竹笠、团扇等小物件的。

众人到达马球场，家仆们挑了一块无人的空地开始扎帷幕，小主子们则在阴凉的树下闲聊。程俊常来此等地方，他给鹿鸣介绍道："鹿郎君且看，这观看马球也有讲究，北方为尊，东西次之，南面为末。故而在北面观战的都是勋贵皇族；本朝以左为尊，坐北朝南观之以东面为尊，西面次之；南面最末，均为百姓之席。"

鹿鸣观察了一下，果然如此，他问道："那我们在东面扎营是什么说法？"

程俊对此颇为自得，笑道："俺家大人乃开国公，凌烟阁二十四臣也，自然当得。"又小声道，"窦国公也不差，何况她乃李氏公主之女，便是北面也大可去得。"

程俊没提狄仁杰，鹿鸣看了看这位朋友，狄仁杰笑道："莫看我，我家乃并州大族，在长安默默无闻，不惹是生非即可，自保可无虞。"说完，又怕鹿鸣多想，又说，"咱们几个交朋友不看家世地位，首重眼缘，若不然，如十一郎所言，不会在这边落脚。"

鹿鸣完全没注意到这一点，他毕竟来自后世，从小得到的教育对于身份地位的敏感性不强，从来也没觉得自己低人

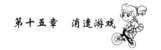

一等。

　　过了没多久，帷幕扎好了，连遮阳布都拉上了。众人正待入内，却看到有大队人马前来，程俊三两下爬上树瞅了一阵，溜下来说："是突厥使团和回纥使团到了。"

第十六章

蓝翎赤羽马球赛

西突厥使团抵达长安城那天，鹿鸣等人正在去拜访李淳风的路上，恰好还见到了。至于回纥使团，来得要更早一些，至少在长安城待了半个月。据说晚些时候还有一些日本遣唐使团的留学生来看球，这些小道消息都是程俊去打听回来的，他还顺便买了一纸包的葡萄干当零嘴吃。

鹿鸣看到程俊分葡萄干也伸手抓了一把，唐朝的葡萄干与后世的葡萄干没什么区别，味道也很甜。吃着葡萄干，他顺便问问这包葡萄干的价钱，程俊答道："这一大包15文，还挺便宜。"说完他又抓了一把塞嘴里，也不怕齁着。

15文就是15枚开元通宝，说起来这个价钱其实也不算便宜，因为这个时期的开元通宝购买力很强，买一斗米大约10文，1文钱可以买3个鸡蛋。

两大使团抵达之后，预计的时辰也就差不多了。首先是比赛组织者派人再次检查场地，在比赛之前这块场地已经夯实过了，这次是派人骑马拉网式再检查场内地面有没有变化，有没有小石子之类的东西。

　　检查完成确认无误之后，场外的乐队就开始奏乐了。没错，唐朝打马球之前和打球期间都有乐队伴奏，开赛之前演奏的多以欢快活泼的龟兹乐为主，开赛之后可以换成节奏感强的乐曲，有时候乐队也被紧张的比赛气氛所感染，手里的乐器不成调子，都奔着起高音去了。

　　乐队开始伴奏就意味着双方队伍可以进场了，赤羽士和蓝翎骑今天都是传统打扮，赤羽士一水的墨绿色翻领窄袖胡服，头顶裹着幞头，插着朱红色的羽毛，蓝翎骑则是宝蓝色大翻领窄袖胡服，黑色幞头两侧都插着蓝色的孔雀翎。双方都做好了开赛前的准备，袍袖扎紧，下摆敞开，下裤换成紧腿裤，靴子也捆扎利落。双方的马儿毛色不同，但都把马鬃与马尾捆扎好，避免在比赛中出问题。

　　双方队伍都排成"一"字形，在场地中间遥遥相对，马上的骑士们手里举着自己的马球杆，互相瞪视着对方。马球杆是实木制作的，长木杆的顶端是偃月形的弯头，下部有握柄，整根木杆都外涂红漆，还有队员的马球杆上包裹着斑斓的兽皮装饰。

　　今天的比赛是临时约定的，没有皇帝老爷或者当朝大臣前来观战，因此场地上没有设置主席台，也就没有双方队员向主席台敬礼的环节。

　　场外裁判跑进场地，手里拿着马球，这个马球是实木的圆球，大小和成年人的拳头差不多大，外面绘着五彩缤纷的颜色，便于骑马的马球队员能迅速找到球。裁判把马球放在

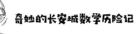

场地正中，然后快速退出到场外，宣布比赛开始。随着一阵鼓响，双方队员都驱动马匹开始向场地中央的马球狂奔，比赛正式开始！

唐朝人看马球比赛是非常狂热的，场地外不分贵贱，几乎都在狂呼自己支持的队伍的名字，和现代足球比赛的观众没啥两样，甚至更加热烈。

赤羽士在场上有6名队员，蓝翎骑只有5人，这是因为人和马占据的空间不小，闪转腾挪需要的空间也不低，如果配合不到位，人多并非好事。

就算是鹿鸣这样的门外汉，也能看出对战双方的技术水平都很高，控马的水准就不提了，几乎可以说是人马一体。光看队伍成员之间的配合，就如行云流水，甚至已经有相当的战术配合出现。在懂得一些兵法的程俊和狄仁杰看来，这两支队伍进退有据，其战术思想颇合兵法之道。正所谓看得懂的看门道，看不懂的看热闹，这也是马球极具观赏性的缘故之一。

唐人的马球游戏

　　马球的胜负只看射门分数，这与现代足球是一样的，马球场两端各有一道短门，用木头制成，只要把马球打入对方球门即可得1分。马球比赛分为短赛和长赛，短赛有时候只要先拿1分即可获胜，也有规定3分获胜的；而长赛一般是国际比赛使用，先得20分为胜，这种比赛通常要打一两个时辰，对每个参赛队伍都是一场严峻的考验。

　　今天的比赛只有一场，太短了不合适，因此双方事先商量好是5分决胜，先得5分的一方为获得胜利者，这要求场上队员保持高度紧张，需要迅速进入竞技状态。

　　今天不知道是不是运气不佳，蓝翎骑先丢了2分，这2分都是赤羽士靠远射得分，其中赤羽士的一员干将连续两次在对方包围中突破，还给本方射手送上了绝佳的助攻。

　　场外观众的呼声一浪高过一浪，让第一次看到这种情况的鹿鸣非常吃惊。他的几个朋友也丢掉了平日的矜持和气质，程俊大呼小叫连蹦带跳；狄仁杰看球不怎么嚷嚷，但球员射门时就喊得特别大声，好像声音大点能帮助进球似的；妙真算是最安静的，可一旦进球了，她的声音也特别高亢刺耳，不但叫得声音大，还喜欢拿马鞭打栏杆，仿佛不这么做就不能表示自己的兴奋和激动。

　　不光是这些人表现异常，连平日里安静如鸡的狄黄老大哥也兴奋莫名，激动时竟然还唱起了并州小调，什么"山九九里老虎王"，又是"娶了婆姨心里亮"，都乐糊涂了。

　　只有鹿鸣不太习惯这样的气氛，他以前对足球就不是特别有兴趣，鹿昆喜欢看戏曲和相声，不爱看体育比赛，他和爷爷待在一起的时间长，自然会受到影响。所以他倒是最安静的，趁机把程俊顾不上吃的葡萄干拿过来，一颗颗地往嘴里丢。

比赛进行到最紧要关头的时候，让我们把目光转到另一边。

突厥使团和回纥使团的位置挨着，双方连表面的客气都懒得维持，互相看不顺眼。回纥以前从属于突厥，但东西突厥分裂，东突厥被大唐攻灭，西突厥又因内斗而衰落，回纥便趁机独立出去，还不断挖西突厥的墙脚，双方见面没打起来已经是看在东道主的面子上了。

阿史那博庆坐在西突厥副使的身边，他是北庭（天山以北）咄陆部（唐朝西域的一个部落群体）的特勤，所谓特勤是西域地区对可汗子弟的称呼，但有时候外戚的子弟也可以称为特勤，阿史那博庆就是这种有水分的特勤。这次西突厥使团是奉新上任的乙毗射匮可汗之命前来长安与大唐交好的，而阿史那博庆却仍与被乙毗射匮可汗赶到吐火罗的乙毗咄陆可汗暗中勾结，他要想个办法来破坏这次突厥使团的友好访问，让乙毗咄陆可汗有机会重返突厥王庭。

可这种事说起来简单，做起来就难了。阿史那博庆在突厥使团内部没有几个可靠的人手，再加上长安城是大唐的核心，暗中不知道有多少双眼睛盯着他们这些突厥人，因此他绝不能轻举妄动。

看到场上的比赛即将完结，阿史那博庆一边敷衍着副使一边琢磨他的心事，却听到隔壁回纥使团有人说："都说唐人强大，我看也未必，这马球一道，我回纥的好男儿便不比他们差，甚至更强。"

阿史那博庆灵机一动，趁机对副使说："伯克，你看这些回纥人，狂妄自大还看不起唐人。我们使团也有马球队，不如跟他们打一场，向大唐表示我们的好意。"

这个伯克是突厥的一种官职名，也可以泛指长官和上司，阿史那博庆这里当然是后一种用法。副使听了这话也产生了兴趣，他刚才也听到了回纥人的话，心里怎么想不说，但阿史那博庆的建议给他带来了一点触动。

"特勤，你说得有理，这事就交给你来办。"

这正合阿史那博庆的意图，有了副使的临时任命，他就开始在使团随行人员中挑选马球打得好的骑手。一说要跟回纥人打马球，这些小伙子都非常乐意，摩拳擦掌跃跃欲试。

准备好之后，阿史那博庆走到隔壁回纥使团区，故作傲慢地将比赛的意图告诉了对方。回纥使团果然上当了，当即愤怒地表示绝对不会输给突厥人。

接下来，阿史那博庆又跑去寻到本次比赛的组织者，将加赛的要求提出，并得到了对方的应允，接下来就是等场上的两队比赛结束了。

很快，在场上双方全力以赴的情况下，蓝翎骑最终以4∶5输掉了比赛，虽然最后连追2分，但赤羽士发挥稳定，仍

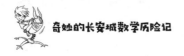

旧拿走了最后的胜利。

比赛结束之后，观众们兴致不减，但已经没赛可看，正准备散伙，却听到组织者宣布还要加赛一场。对战双方分别是突厥使团和回纥使团，这可真是让观众们大呼爽快。

鹿鸣倒是感到奇怪："好好的怎么突然要打一场比赛呢？"

程俊和狄仁杰倒是没感到奇怪，程俊哈哈笑道："打得好，俺正愁没看爽利呢。"

狄仁杰则分析道："这两个使团一来就表现得水火不容，想必也是蓄谋已久，倒是便宜了现场观众。"

妙真的想法较为独特："这些西戎，桀骜不驯，狂妄自大，说不定是展示肌肉呢。"

程俊并不意外，笑道："哈，管他呢，反正这场比赛不看白不看。"

鹿鸣长叹一口气，他坐不能坐，身处公共场所又不能挂在树上坐背带，只能斜靠在马车车厢上，难受得很，巴不得赶紧看完比赛回家，没想到还要加赛一场，又不好败了朋友们的兴致，只好继续忍耐。

第十七章

突厥特勤的小心思

接下来这一场比赛的火药味可就浓多了，赤羽士和蓝翎骑还算是友好切磋，而突厥和回纥已经是多年的仇敌，借着马球赛的机会宣泄愤怒纯属正常。

比赛开始，双方队员都憋着火，动作也更加粗野，虽然他们的坐骑比大唐所用的混血马要矮小一些，但对抗的激烈程度却远远超过刚才的比赛。不到一刻钟，便有三名队员因伤下场，剩下的也有两名队员受了轻伤，都是互相冲撞造成的。

比赛虽然激烈，但使团的主要成员却没太关注场上情况，突厥使团的副使是本次活动的带队人，忙着与在场的大唐有身份的人套近乎。阿史那博庆虽然跟在副使身边在谈话中敲边鼓，却一直在闲聊中试探今天有没有李氏皇族来看球。

其中一位礼部主客司员外郎并没有意识到对面这个突厥人的心思，随口答道："今日并无……且慢，看那马车上的印记，应是永嘉公主之女。咳，不知这位特勤为何打听此事？"

礼部的职能类似现代的外交部和教育部，其中主客司是负责接待外宾的部门，其他还有主管祭礼的部门和主管教育的部门等。

阿史那博庆本来有些失望，却不料今天还真有皇族出现，连忙堆起笑脸弯着腰答道："好教上国大臣得知，小人久慕上国风采，一直以未曾目睹唐皇龙颜为憾事，若能结交一二龙子龙孙，小人此生无憾也。"

员外郎并不相信阿史那博庆真的这样想，不过他也不会故意阻拦，毕竟外交使团肯定会四处活动，阻拦他们意义不大。但考虑到永嘉公主深得太上皇李渊*宠爱，加上永嘉公主的女儿年岁尚幼，他特意提醒道："特勤之心，某晓得了。然永嘉公主之女尚未成年，且出家为女冠，特勤若要相见恐怕于礼不合。"

看到阿史那博庆微露失望之色，员外郎这才慢条斯理地说："不过，既然特勤一片赤诚，某便陪特勤走一趟，特勤务必要听从某的安排，不可逾越。"

阿史那博庆心里明白，这是敲打自己，他心中暗恨却不得不低头，趁着拱手拜下的机会，将一块羊脂玉佩塞进员外郎袖中，堆笑道："上国大臣仁心十足，小人深感惭愧，一定听从安排，请员外郎放心。"

员外郎没想到这番人还挺识相，把玉佩放进夹袋，肃颜道："如此便好，且跟我来。"

员外郎可不会一个人带着使团的人去见皇族，那可是给同僚攻击自己的把柄，他带了七八个随从，打着礼部的牌子大张

---

* 李渊于贞观九年（635）逝世，本文此处根据情节虚构。

旗鼓地去见永嘉公主之女，表明这是公事而非私人交情。

狄仁杰那边的人也有点儿摸不着头脑，怎么礼部的人突然跑来了，难道今天下午国子监翘课的事儿败露了？那也不至于专门到马球场来抓人吧？

员外郎带着人过来，率先给妙真行礼，说道："礼部主客司员外郎王璨见过郡主。"

妙真不喜欢被人称为郡主，她皱着眉头说："我非郡主也，我乃景云女冠观妙真，王员外郎勿出此言。"

王璨上来就被小女孩一阵抢白，心里有些憋气，但也感到颇为奇怪，以前就听说永嘉公主的女儿性格有些怪异，没想到确有其事。他修养很好，脸上露出微笑道："是某误言了。"

接着王璨一笔带过此事，将阿史那博庆介绍一番，又把这位特勤对唐朝皇族的仰慕之心吹嘘一通，这才说道："化外番人仰慕我中华上国，皆赖吾皇圣明，不知坤道可愿垂怜，慰其拳拳之心？"

王璨的意思就是你看这人的姿态已经很低了，你就行行好随便说两句，哄哄他完事了。

可妙真压根儿不想沾上这些事，她对父亲和母亲都有怨气，连带着也不想承担任何来自家族的责任。她当即回绝道："王员外郎你怕是搞错了，我并非李氏，也非皇族，此事与我无关，还请另寻高明。"

这样当面生硬的拒绝，还是当着外宾和下属的面，搞得王璨很是下不来台。主要是他也没有想到妙真小姑娘居然这

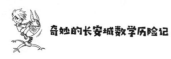

突厥特勤执意请求拜见有皇室血统的妙真

么不配合，这下可真是左右为难了。

阿史那博庆一看情况演变至此，就知今天的目的是达不成了，连忙打圆场说："这位坤道，在下并无歹意，此事就此作罢，今后不再叨扰便是。两位切勿因在下伤了和气，王员外郎，咱们回去吧。"

有了这个台阶，王璨连忙就坡下驴，胡乱搪塞了几句便带人走了。等他今天回到礼部主客司，寻人打听永嘉公主的这个女儿为何如此难缠，才得知妙真从3岁起便寄在道观，其母的声名不甚佳，也引得妙真被人嘲笑，故而这个妙真与父母关系不洽，也在情理之中。王璨自知今天是被迁怒了，也不能跟妙真计较，只能自认倒霉一笑了之。

王璨带人走了之后，鹿鸣这群人就再也看不进去球赛了，气氛一时有些沉闷。鹿鸣趁机嚷嚷自己累了要回去，程俊和狄仁杰自然支持，妙真也想到鹿鸣身体不适，且已经坏了兴致，便一起离场。

鹿鸣还是第一次近距离看到突厥人，他对这种奇装异服和戴耳环鼻环的外国人略有好奇，便询问狄仁杰。

狄仁杰瞅着妙真没注意这边，才小声向鹿鸣解释道："这次来长安的突厥使团是西突厥新任可汗派来的，意在与大唐交好。他们的前任可汗实力增长之后心态也膨胀了，竟然在边境挑衅我大唐，被唐军击败。西突厥内部分裂，新可汗崛起将其赶走，这才派了使团来长安，希望与大唐缔结友好。"

鹿鸣对此时的国际关系不够了解，略有迷糊地问道："那么这么说，这位突厥特勤，并不是坏人了？"

狄仁杰摇头道："也不能这么说，此时西突厥新可汗两面受敌，他要坐稳可汗之位，必须彻底击败老可汗，但他又无力同时与大唐为敌，只能来求和。因此，目前这段时期，他们还不敢如何，可一旦老可汗被收拾了，将来如何谁又说得准呢。"

程俊听着他俩说这事儿，忍不住凑过来也压低声音说："俺听大人说过，陛下意图先稳住西突厥新可汗，让他们先斗个你死我活，俺西域将兵养精蓄锐，待时机已至便挥师西进，再建几个州府，此乃开疆拓土之功也。"

说到这里，程俊也心向往之，言道："也不知那时候俺能不能赶上。"

在古代，开疆拓土是建功立业的大功劳，可以记于史书，这对好名的古人具有极大的吸引力。青史留名、流芳百世，这是许多人都梦寐以求的。别说程俊和狄仁杰，就算是他们的父辈，遇到这种机会，也是要拼力争取的。

而能在史书上留下印记的人少之又少，不是什么阿猫阿狗都能被史书记载的。也难怪东晋的权臣桓温会发出那样的感叹："不能流芳百世，亦当遗臭万年。"

狄仁杰虽然以文臣自居，但对开疆拓土也有期盼之心，不过他情知比不上程俊的家世，自然不会这么急切。

眼下距离天黑尚有一段时间，众人也不急着分开，还是回到了狄仁杰家，在院里停下马车，扶着鹿鸣下来，又在后院安好了"吊带"，让鹿鸣坐下。

这半天下来，鹿鸣总算是能坐着休息了，忍不住感叹道："在家千日好，出门一时难。"

狄仁杰听了特别高兴，鹿鸣说这话显然把这里当自己家了，这是对他的极大肯定。程俊也非常赞同这句话，连连点头道："不错，俺在家可以只穿小衣，嘿嘿。"他好像想起了什么，把剩下的话都吞回肚子里，怪笑起来。

妙真对此挺不屑的，不过穿小衣而已。她有时候去皇外祖父的离宫（古代帝王在都城之外的宫殿，也泛指皇帝出巡时的住所）里，太上皇的那些嫔妃，在炎热的夏日，穿着清凉的薄纱，反正离宫里就只有太上皇一个男的，没什么过多的礼仪顾忌。

严格说起来，太上皇李渊是妙真的外祖父，看起来好像只是个发胖的慈祥老头。他传位给唐太宗李世民之后就隐居了，也没别的事可做，只能待在宫里陪他的那些妃嫔，还有他的一大堆女儿。

远离政治之后，李渊的一大爱好就是赚钱，只要听说谁家有钱，就想办法嫁个女儿过去。只不过有些女儿特别受宠，李渊会用心挑选他觉得合适的好女婿，永嘉公主就是其中之一。

可问题在于，自己觉得不错的女婿，不见得能被女儿喜欢。永嘉公主就不喜欢李渊挑选的丈夫，因此她结婚了心里也有别人，这一点导致她的声名在上层圈子里不是很好，这也是妙真与父母关系不亲密的重要原因之一。

虽然和父母关系不佳，但或许是隔代亲，李渊还是很喜欢妙真这个小丫头，特别是她性格很直，又聪明过人，对算学颇有天赋。喜欢赚钱的李渊，对于算学出众的妙真，自然会更加疼爱。

今日大家都累了，而且因为比赛热烈呼喊较多，都非常口渴。狄仁杰为了招待朋友，连家中窖藏的冰块都贡献了一大块出来。四人喝着冰镇的饮料，顿时感觉暑气全消。

喝着冷饮，四人商讨明天的计划，狄仁杰提醒道："别忘了我们与太史丞还有约定，两日后若是无事，便去拜访李道之吧。"

鹿鸣一想也是，上次去拜访太史丞，是借用画师，也不知道画像的事儿进展如何，去一趟也是有必要的。

程俊说："两日后休沐，国子监也放假，我们可午后前往拜访。"

鹿鸣知道休沐是法定节假日的意思，唐朝为十日一休，因此明天衙门是不办公的。除非有急事，一般客人不会上午就去拜访，午后前去比较合适。

于是大伙儿约好两日后还是在狄家集合，妙真提议上午玩牌，下午一块儿去做客，大家都同意了，程俊和狄仁杰也好奇到底这个牌有什么好玩的，定要好好见识一番。

第十八章

韩氏兄弟出难题

　　程俊虽然对纸牌游戏没啥兴趣，但还是在鼓声响起时来到了崇义坊门外。按理说没敲鼓之前是不能开坊门的，可对于程家来说就有这种小特权，可以提前出门。起因是卢国公程知节需要在规定时间上朝，后来却一直没收回，因此程俊可以借此机会先跑出来。

　　程俊这次来狄仁杰家，还带上了他家里做的羊肉卷饼，这个卷饼的做法是程俊之前与鹿鸣交流时听来的，其实就是现在煎饼馃子的变种做法，只不过薄脆被换成了炙羊肉。这种做法也不是鹿鸣首创的，而是他在学校食堂里吃过，又问了做法才学会的。

　　到了狄仁杰家，程俊迫不及待地命令家仆拿出食盒，然后开始献宝："来来来，都来尝尝俺家做的羊肉卷饼，这名字是鹿郎君取的，做法也是鹿郎君教的，若是好吃夸俺一声，若是不好吃找鹿郎君便是，哈哈哈……"

　　鹿鸣哈哈一笑，先去洗了手，这才拿起一块卷好的饼，细细品尝着。程俊没有这种耐心，手都懒得洗，直接抓起一块塞进嘴里，一边嚼一边嘟哝着："美哉！"

狄仁杰也在吃，还偷偷笑话程俊没文化，夸道："这饼软嫩易碎却又能保持原形，应该是有特殊的做法。小羊肉鲜嫩，加料甚多，我吃出有胡椒和姜末蒜末，十一郎倒是舍得下本钱。"

唐朝时胡椒价格不便宜，因为是从西域进口，胡椒的原产地位于天竺也就是现在的印度。从印度途经丝绸之路来到长安，再经过经销商层层加价，到销售终端时价格便堪比黄金。唐朝有个贪官叫元载，他被抓后从家里搜出八百石胡椒，连当时的皇帝都感到震惊，觉得这是一笔很大的横财。

妙真来得晚，不过大家还是给她留了一份，她对这种卷饼兴趣不大，但还是吃了一块，不走心地夸了两句。她倒是对程俊带来的一只小羊羔比较有兴趣，还过去摸了一把。

鹿鸣觉得奇怪，问道："十一郎带这只羊来做什么？"

程俊答道："这是食材啊，晚上烤羊吃，可好？俺家有专门学这个的家仆，从胡商那里学来的手法，绝对好吃，俺家老大人都说好。"

妙真嘻嘻一笑道："我听阿翁说，程国公吃什么都囫囵吞枣，吃不出咸淡。"

程俊想反驳但又不敢，非常戾地歪着脑袋嘀咕道："哼，就知道欺负俺。"

这里就只有鹿鸣不知道妙真的阿翁是谁，也没人告诉他，所以他还敢质疑："不会吧，连咸淡都吃不出来，我觉得不太可能。"

妙真斜瞥着鹿鸣道："跟你是没法比的，你的饮食品位，比我都高。"

鹿鸣牢记爷爷的教导，不要跟女孩子较真，嘿嘿一笑也不反驳。

狄仁杰照例打圆场说："鹿郎君是君子，食不厌精脍不厌细，乃我辈楷模也。"

妙真笑道："说得没错，君子远庖厨，眼不见为净，食不厌精。"

这话讽刺得……害得狄仁杰也有点下不来台。

鹿鸣耿直地问道："你今天怎么了？怎么见谁都怼？哪儿不舒服吗？"

妙真也觉得自己今天有点过分，叹气道："我呀，自己都不知道怎么回事，抱歉了各位。"

为了缓和气氛，鹿鸣提议开始玩牌，于是分好了队伍，这次程俊和狄仁杰都上场学习，再加上狄黄和窦三、窦五，凑齐了七个人开始打牌。

很快程俊就沉迷其中，不但大呼小叫，还时不时来段角色扮演。比如，他抽到夏侯渊，站起来摆出一副骑马的架势，嘴里喊道："吾乃典军校尉夏侯渊，三日五百，六日一千。"

在场的都是懂典故的人，连鹿鸣都听过这段话，因为他当初玩三国杀的时候还研究过人物技能的缘由。比如，夏侯渊的技能是"神速"，源于《魏书》中对他的评价，也包括程俊刚才吆喝的这一段。

《魏书》中是这么写的：

渊为将，赴急疾，常出敌之不意，故军中为之语曰："典军校尉夏侯渊，三日五百，六日一千。"

这里的"三日五百，六日一千"形容夏侯渊用兵善于突击奔袭，当然具有一定夸张的成分。

年轻人天然地对表现自己是没有害羞之心的，因此常常做出一些他人看来比较"丢人"的举动，自己却乐在其中。就连狄仁杰如此稳重的人，也忍不住来表演一下，他选的是诸葛亮，表演的是史书《三国志》中的一句："若臣死之日，不使内有余帛，外有赢财，以负陛下。"

鹿鸣能感觉到，程俊和狄仁杰选的卡牌其实暗含了他们的理想，程俊的理想是做一名独当一面的将军，一方面是不愧于他父亲的威名，另一方面也是他自己的追求；而狄仁杰的理想是做一位名臣，得君王赏识而鞠躬尽瘁，并得以留名青史。

而鹿鸣所不知道的是，在场的诸位伙伴中只有狄仁杰达成了他的理想，千年之后还流传着他的名字。程俊30岁不到便去世了，并没有达成他做将军为皇帝陛下开疆拓土的梦想。至于妙真，身为女性，于史书之中不见记载。

玩牌玩到中午，众人在狄仁杰家吃过饭食，稍事休息，便出门前往太史丞李淳风府上。李府位于崇仁坊，这个坊居住的多为达官贵人，此坊位于皇城以东，上班方便快捷，上朝的话路途也近，因此很受高级官员们青睐。

李淳风的府院比狄仁杰家大得多，有专门的车马院子，马车和马匹都放在这个院子里，有专人照看，此院子与住宅有侧门相通。主宅院的另一侧是菜园和果园，还有一座与主宅院相连的亭台，可供饮茶待客观景。

程俊离开狄家之前就派人骑快马将名刺送往李淳风府上，因此李淳风已经知道众人来访。众人从车马院子通过侧门进入主院，李淳风在院中相迎，双方见面敬礼后，程俊令家仆送上礼品，主人收下后邀请众人入正房就座。

这时饮茶并不普遍，一般待客可以用酒，但来访的都非成人，所以李淳风令家仆取出酪——酸奶——待客。狄仁杰不爱饮酪，程俊替他说了，于是李家家仆又取来一壶果饮乌梅浆。不论是酪还是果汁，都配以蜂蜜和盐粒各一小碟，还有一碟葡萄干与一碟蜜渍杏子。

聊了一会儿闲话，妙真主动提起李淳风在公所提出的谜题，并且讲述了上次野游时解题的过程。李淳风听到生动的解题讨论过程，感到非常欣慰，他捋着胡子说道："此谜的解法首重'理'，所谓'理'，即古之'名辩'也。"

"名辩"这个词来自春秋战国时期的百家争鸣，本义是名实之辩，也就是名称与实际关系的辩论，可以说是中国最早的逻辑学，也可以称为逻辑学的幼苗。

李淳风上次出的题里面，对于逻辑推理的要求比较高，同时也要具有一定的分类归纳意识。首先要罗列出题目中的所有条件，然后根据条件对题干进行分析处理，找出符合条件的一部分答案，再根据答案和条件进行推理和计算。

聊过上次的题目之后，鹿鸣问起了画师的情况，上次他已经讲过杜若大概的样子，画师会画出一个初稿，给鹿鸣看过之后再进行修改。李淳风已经派人去请画师过来。

正在此时，李家仆人来报，说有客人至，并递上名刺。

李淳风接过名刺展开一看，不仅眉头微皱，看完就把名刺放在果盘旁边，捋着胡子陷入沉思。

鹿鸣等人不知是什么客人，也不好打断主人的思考，只好不出声，拿起面前装有饮品的杯子慢慢啜饮。

过了一会儿，李淳风下了决定，对候在一旁的家仆说："去请两位客人进来，再加两席，上浊酒。"

这浊酒名副其实，端上来的酒液混浊，液体表面泛着绿色，也称为绿蚁酒。这种酒在中国历史上十分有名，唐朝白居易写过"绿蚁新醅酒，红泥小火炉。晚来天欲雪，能饮一杯无"，明朝杨慎写过"一壶浊酒喜相逢，古今多少事，都付笑谈中"。为什么它这么出名呢？主要还是因为它卖得便宜，便宜的酒喝得起的人比较多，穷诗人喝得多了自然写到它。还有一种理由，这种酒许多人家都可以自酿，可作为日常饮品，酒精度数很低，连啤酒的度数都不如，自然可以"酒逢千杯亦不醉"。

历史足迹

　　在古代，新酿的酒还未滤清时，酒面浮起酒渣。点点酒渣，色微绿，细如蚁身，故称"绿蚁"。由此，人们便常用"绿蚁"指代新酒。"绿蚁"一词，常出现在与酒有关的古诗文中。

　　"绿蚁新醅酒，红泥小火炉。晚来天欲雪，能饮一杯无？"这首脍炙人口的五绝，出自唐朝著名诗人白居易的《问刘十九》。直到现在，还有很多读者对这首短小精悍的绝句回味无穷。

　　白居易不但是官员、诗人，还是酿酒高手。

　　有一年，白居易家的梨园大丰收，每株梨树上都结满了大大的鸭梨。自家人是吃不完的，于是，白居易就将它们分给附近的朋友和百姓们。可是，园子里还剩了许多梨，白居易就让家丁把这些鸭梨装进一个大缸里，并且用泥巴把缸子密封起来。此后，白居易忙于公务，渐渐就把这一大缸梨抛到九霄云外去了。当他猛然想起这件事的时候，已经是第二年了。他赶紧叫来家丁，把封存的大缸子打开。没想到，一股香甜的味道扑面而来。他试着尝了一点缸里的梨汁，发现口感非常好。于是，他就把这种梨汁加入刚酿好的新酒里。几天后，当他再品尝这个酒时，感觉到了一股无以言说的美味。

　　有了这次的经验之后，白居易把这种梨汁加入他新酿的酒中，形成了不同味道的"白氏酒"。一次，白居易给老朋友刘十九写了一封信，邀请他来洛阳一聚，品尝这种酒。

　　这位刘十九，在白居易当年被贬江州时，给了落寞的白居易许多关照和安慰，才使他逐渐平复了心中的郁闷。白居易到洛阳后，刘十九一直都没有机会来。所以，这次收到白居易的来信，又恰逢刘十九正好要来洛阳办事，于是，他高兴地来到了洛阳。

很快，他就来到白居易家中。此刻，暖房外的梅花开得正灿烂，一片暗香萦绕心间，真是好不惬意。室内的小火炉上，正热着白居易的家酿酒。两位故人相见自然畅饮一番。刘十九逗留几日后就要离开洛阳，白居易依依不舍地灌了几坛酒让他带回去喝。二人惜别后，又是天各一方了。

此后，白居易家的"绿蚁"便出了名。来他家讨酒喝的朋友就更多了。据说，那日白居易和刘十九饮酒时，刘十九也和了白居易一首诗："知己三杯酒，暗香共暖炉。北风谁踏雪，疏影伴君无。"

李家仆人引入两位客人，这两位客人年纪二三十岁，面白无须，头戴黑巾，身着筒袖大 ，腰带缀有金玉，一看服饰便与唐人不同。两人看长相颇为相似，应是兄弟或亲戚无疑。

这两人没有料到在座的还有其他人，尤其是大多数看起来还不到18岁，稍微迟疑便上前向主人行礼，说："东海国韩文吉、韩文俊见过道之先生。"

前文说过"先生"是尊称，不是谁都能称先生的，李淳风站起身回礼道："淳风才学浅薄，当不起。贵兄弟可是在国子监就学？"

韩氏兄弟承认在国子监上学，又说："久闻道之先生于算学研究颇深，吾兄弟仰慕已久，特来请教。望先生有教无类，垂怜一二，不胜感激。"

李淳风也不可能立刻就赶人走，只能请二人就座。鹿鸣不知道为何在场众人都严肃起来，他偷偷问坐在旁边的狄仁杰，狄仁杰低声道："陛下东征未归，此行必将征服东海，其国将亡，彼人却还在长安活动，必有蹊跷。"

鹿鸣不解："也许是一心求学，不解世情呢？"

狄仁杰摇头道："以我观之，不像。现在多说无益，看道之先生如何处理吧。"

其实李淳风不想接待这两位，因为正值唐太宗东征，作为负责太史局的官员，实在是需要避嫌。不过，鹿鸣等人来访正好可以充当见证人，而且这里面既有皇亲国戚也有国公家人，做证也有说服力，故而李淳风便不怕有人嚼舌头。

韩氏兄弟解释了来意之后又询问起其他客人的身份，这也是应有之意，李淳风便随口介绍道："此数人乃我大唐少年英杰，正与我探讨算学之理。"

能与李淳风座谈的绝非一般人，韩氏兄弟正愁找不到对手，当即说道："原来如此，这可真是机缘巧合，吾兄弟在本国时曾遇一事，至今不解，不知几位少年英杰可否解惑？"

闹了半天原来是来挑事儿的，李淳风没想到这两人打蛇随棍上，说了几句话就要挑战他的客人，顿时脸色就变黑了。

妙真却兴致勃勃地接话："哦？两位自东海来，竟是为了一个疑惑，千里求问道之先生，真是令人敬佩。"

这女娃说话阴阳怪气，把韩氏兄弟堵得说不出话。韩文吉憋了半天才说道："却不知尔等能解否？若不能解，吾兄弟

绝不为难。"

　　鹿鸣现在也看出这兄弟俩是在挑事，却不知道他们所谓的不解之难题到底是什么，他倒是有些跃跃欲试。